BEAUTÉS
DE L'HISTOIRE NATURELLE
DE BUFFON,

OU

LEÇONS

SUR LES MŒURS ET SUR L'INDUSTRIE

DES ANIMAUX.

TOME PREMIER.

BEAUTÉS
DE L'HISTOIRE NATURELLE
DE BUFFON,
OU
LEÇONS

SUR LES MŒURS ET SUR L'INDUSTRIE

DES ANIMAUX;

Par L. COTTE, Correspondant de l'Institut de France, et Membre de la Société des Naturalistes de Paris.

SECONDE ÉDITION,

Ornée de vingt-deux planches, contenant 174 figures.

TOME PREMIER.

PARIS.

DE L'IMPRIMERIE D'AUG. DELALAIN,

LIBRAIRE, rue des Mathurins-St.-Jacques, n° 5,

1819.

Toutes mes Éditions sont revêtues
de ma signature.

Auguste Delalain

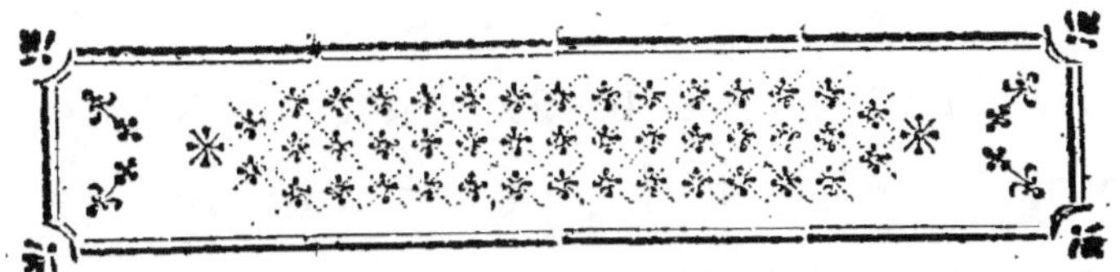

PRÉFACE.

L'OUVRAGE que je présente aujourd'hui à l'enfance et à la jeunesse, complette la collection de ceux que j'ai consacré depuis vingt ans à l'instruction de cette portion intéressante de la société. Après avoir fixé son attention sur les merveilles qu'elle a sans cesse sous les yeux; après l'avoir aidé à remonter de ces merveilles jusqu'à leur Divin Auteur; après lui avoir prouvé que ce seroit le comble de la déraison, de vouloir faire dépendre d'une cause aveugle qu'on appelle *nature*, l'ordre et l'intelligence qui regnent dans toutes les œuvres du Créateur, à moins qu'on n'entende par *nature*, la suite des loix établies par son Divin Auteur, pour exécuter le vaste plan que lui seul a pû concevoir : je vais mettre sous les yeux des jeunes gens le tableau intéressant et varié des *mœurs et de l'industrie des différentes espèces d'animaux.*

Ils reconnoitront dans chacun de ces animaux, depuis le plus grand jusqu'au plus petit, l'empreinte de cette suprême intelligence ; ils verront combien elle en a diversifié les effets, en départissant à chacun d'eux la portion d'instinct nécessaire pour sa conservation et celle de son espèce ; ils se convaincront que l'homme infiniment au-dessus des animaux est cependant forcé à reconnoître une intelligence supérieure à la sienne, puisque celle qu'il remarque dans chacun des êtres qui l'entourent, est indépendante de celle dont il est lui-même

doué, et qu'elle les conduit toujours sûrement au but pour lequel
ils ont été créés : l'homme apprend
donc à connoître les bornes de sa
propre intelligence, en voyant exécuter par les animaux en apparence les plus méprisables, des manœuvres qui surpassent ses connoissances et ses moyens. Il ne se
dégradera sûrement pas jusqu'à reconnoître la prééminence de ces
êtres plus habiles que lui sous certains rapports ; il avouera que ces
animaux ne sont que des instrumens dont Dieu se sert pour nous
convaincre de sa toute-puissance ;
et en s'humiliant de se voir en quelque sorte surpassé par l'industrie
des animaux, puisqu'il ne peut
les imiter, il se glorifira d'être
sur la terre le seul qui sache
apprécier toutes ces merveilles, **et**

les rapporter à leur véritable auteur.
Capable de combiner ses idées, de
varier ses opérations, ce que les
animaux ne peuvent faire étant réduits chacun à un seul genre d'industrie dont ils ne s'écartent pas,
il sentira combien la raison qu'il a
en partage, l'éleve au-dessus de
ces êtres passifs et bornés.

Le but de cet ouvrage étant de
faire passer en revue sous les yeux
des jeunes-gens les différentes espèces d'animaux, et de leur faire
la peinture de leurs mœurs et de
leur industrie, je ne me suis pas
astrint à les classer et à les diviser
avec toute l'exactitude que l'on
exige d'un Naturaliste nomencla-
teur. *J'ai formé différens grouppes

* On trouvera les différentes méthodes adoptées par
les Nomenclatures, dans mon *manuel d'Histoire Natu-*
relle ; volume *in-8°.* qui fait suite de mes ouvrages élémentaires d'Histoire Naturelle.

distingués entre-eux par les caractères les plus saillans et par la con-
formité des mœurs et des habitudes : tels sont d'abord les *quadru-*
pèdes vivipares et *ovipares*, les *cé-*
tacés, les *reptiles*, les *poissons*, les
oiseaux, les *insectes*, et quelques
espèces *d'animaux à sang blanc* et
de *coquillages* ; les sous-divisions
sont fondées sur le rapport et la con-
fo mité des mœurs et des habitudes
des différens genres et espèces
d'animaux.

J'ai emprunté de *l'histoire natu-*
relle de BUFFON, ce qui regarde
les mœurs et l'industrie des quadrupèdes ovipares et des oiseaux ;
j'ai extrait de *l'histoire naturelle des*
quadrupèdes ovipares, *des reptiles*
et des poissons par M. de LACÉ-
PÈDE, tout ce qui concerne ces espèces d'animaux ; enfin RÉAUMUR

a été mon guide dans le détail de l industrie des insectes que j'ai suivi moi-même par goût, et dont je peux garantir la plus grande partie des faits que je rapporte.

Le lecteur conviendra que je ne pouvois pas me proposer de meilleurs modèles, soit par l'exactitude des faits, soit par la manière de les peindre. J'ai tâché de ne rien omettre de ce qui peut piquer la curiosité des jeunes gens avides du merveilleux ; j'ai crû qu'il falloit leur présenter du *merveilleux réel,* dont ils seroient bien plus satisfaits que du *merveilleux imaginaire* qu'ils ne cherchent que trop souvent dans la lecture de certains romans qui, en exaltant l'imagination, ne sont propres qu'à gâter l'esprit et à corrompre le cœur.

Je regarde l'étude de la nature,

lorsqu'elle est guidée par des principes religieux, comme une espèce
de théologie à la portée de tous
les esprits, et infiniment utile à la
jeunesse : elle lui démontre l'exis-
tence d'un Dieu auteur de toutes
les merveilles qu'elle lui offre avec
profusion ; elle lui donne lieu de
réfléchir sur les opérations d'une
Providence toujours attentive à
pourvoir aux besoins et à la conservation des êtres qu'elle a créé, qui
tous ont une destination particulière
et ne doivent rien au hazard ; elle
la prémunit contre les sophismes
de ces prétendus sages qui cherchent à la pervertir et à saper les
bases de tout gouvernement, en
rompant les liens les plus sacrés qui
réunissent les hommes en société ;
car qu'est-ce qu'une société composée d'hommes sans principes, qui

Tome I.

né connoissent d'autre Dieu que leurs passions et d'autre terme que celui d'un éternel anéantissement ?

J'espère que le tableau que je mets ici sous les yeux des jeunes-gens les préservera des dangers qui les entourent, et qu'en les rappellant sans cesse vers l'Auteur de l'industrie des animaux, ils se convaincront de plus en plus de son existance ; ils s'attacheront à lui par un sentiment d'amour mêlé de reconnoissance ; ils sentiront la nécessité de lui rendre les hommages qu'il exige de nous, en un mot d'être religieux observateurs de ses loix et de ses volontés.

LEÇONS
D'HISTOIRE NATURELLE
SUR LES MŒURS
ET SUR L'INDUSTRIE
DES ANIMAUX.

PREMIERE LEÇON,

Sur l'instinct des Animaux.

Parallele des Animaux , des Végétaux et des Minéraux.

LES Animaux, dit *Buffon*, ont par leurs sens, par leurs formes, par leur mouvement beaucoup plus de rapport avec les choses qui les environnent, que n'en ont les Végétaux ; ceux-ci par leur développement, par leur figures , et par leurs différentes parties ont aussi un plus grand nombre de rapports avec les objets extérieurs, que n'en ont les Mineraux ou les pierres qui n'ont aucune sorte de vie

Tome I.   **A**

ou de mouvement, et c'est par le plus grand nombre de rapports que l'Animal est réellement au-dessus du Végétal et le Végétal au-dessus du Minéral. Nous-mêmes, à ne considérer que la partie matérielle de notre être, nous ne sommes au-dessus des Animaux que par quelques rapports de plus, tels que ceux que nous donnent la langue et la main ; et quoique les ouvrages du Créateur soient en eux-mêmes tous également parfaits, l'Animal est, selon notre façon d'appercevoir, l'ouvrage le plus complet de la Nature, et l'Homme en est le chef-d'œuvre.

En effet que de ressorts, que de force, que de machines et de mouvement sont renfermés dans cette petite partie de matiere qui compose le corps d'un Animal, Que de rapports, que d'harmonie, que de correspondance entre le parties ! Combien de combinaisons, d'arrangemens, de causes, d'effets, de principes, qui tous concourent au même but, et que nous ne connoissons que par des résultats si difficiles à comprendre, qu'ils n'ont cessé d'être des merveilles, que par l'habitude que nous avons prise de n'y point réfléchir.

Une différence qui existe entre les Animaux et les Végétaux, c'est la faculté de sentir qu'on ne peut guères refuser aux Animaux, et dont il semble que les Végétaux soient privés ; mais ce mot *sentir* renferme un si grand nombre d'idées, qu'on ne doit pas le prononcer avant que d'en avoir fait l'analyse ; car si par sentir, nous entendons seulement faire une action de mouvement, à l'occasion d'un choc ou d'une résistance, nous trouverons que la plante appellée *sensitive* est capable de cette espèce de sentiment, comme les Animaux ; si au contraire on veut que sentir signifie appercevoir et comparer des perceptions, nous ne sommes pas sûrs que les Animaux aient cette espèce de sentiment, et si nous accordons quelque chose de semblable aux Chiens, aux Eléphans etc. dont les actions semblent avoir les mêmes causes que les nôtres, nous le refuserons à une infinité d'espèces d'Animaux, et sur tout à ceux qui nous paroissent être immobiles et sans action ; si on vouloit que les huîtres, par exemple, eussent du sentiment comme les chiens, mais à un dégré fort inférieur, pourquoi n'accorderoit-on pas aux Végétaux ce même sentiment dans un dégré encore au-dessous ? Cette différence entre les Animaux et les Végétaux, non-seulement n'est pas générale, mais même n'est pas bien décidée.

A 2

Cause du mouvement et des actions des Animaux.

Je ne prétend pas assurer comme une vérité démontrée, que le mouvement progressif et les autres mouvemens extérieurs de l'Animal aient pour cause, et pour cause unique, l'impression des objets sur les sens : je le dis seulement comme une chose vraisemblable, et qui me paroit fondée sur de bonnes analogies ; car je vois que dans la nature tous les êtres organisés, qui sont dénués de sens, sont aussi privés du mouvement progressif, et que ceux qui en sont pourvus, ont tous aussi cette qualité active de mouvoir leurs membres et de changer de lieu. Je vois de plus qu'il arrive souvent que cette action des objets sur les sens met à l'instant l'Animal en mouvement, sans même que la volonté paroisse y avoir part, et qu'il arrive toujours, lorsque c'est la volonté qui détermine le mouvement, qu'elle a été elle-même excitée par la sensation qui résulte de l'impression actuelle des objets sur les sens, ou de la réminiscence d'une impression antérieure. Nous ne pouvons pas douter que le principe de la détermination du mouvement ne soit dans l'Animal un effet purement mécanique, et absolument dé-

pendant de son organisation, tandis que
dans l'homme, c'est une suite de ses qualités intellectuelles qui ont été refusées
à l'Animal. Je conçois donc que dans l'A-
nimal l'action des objets sur les sens en
produit une autre sur le cerveau, que je
regarde comme un sens intérieur et général qui reçoit toutes les impressions
que les sens extérieurs lui transmettent.
Ce sens interne est non-seulement susceptible d'être ébranlé par l'action des sens
et des organes extérieurs, mais il est encore, par sa nature, capable de conserver long-tems l'ébranlement que produit
cette action ; et c'est dans la continuité
de cet ébranlement que consiste l'impression qui est plus ou moins profonde, à
proportion que cet ébranlement dure plus
ou moins de tems.

Instinct ou sens intérieur des Animaux.

Dans l'Animal le sens intérieur ne diffère des sens extérieurs que par cette propriété qu'à le sens intérieur de conserver
les ébranlemens, les impressions qu'il a
reçus. Cette propriété seule est suffisante
pour expliquer toutes les actions des Animaux et nous donner quelqu'idée de ce
qui se passe dans leur intérieur : elle peut
aussi servir à démontrer la différence es-
sentielle et infinie qui doit se trouver

entre-eux et nous, et en même-tems à nous faire reconnoître ce que nous avons de commun avec eux. Tout concourt à prouver, même dans le physique, que l'Animal n'est remué que par l'appétit, et que l'homme est conduit par un principe supérieur. Un chien, par exemple, ne paroit-il pas combiner ses idées, ne paroit-il pas désirer et craindre, en un mot raisonner à-peu-près comme un homme qui voudroit s'emparer du bien d'autrui, lorsqu'il n'ose toucher à ce qu'on lui présente, et qui en même tems fait beaucoup de mouvemens pour l'obtenir de la main de son maître. Quoique pressé d'un violent appétit, et quoique violemment tenté, il est retenu par la crainte du châtiment. Voilà l'interprétation vulgaire de la conduite de l'Animal. Comme c'est de cette façon que la chose se passe chez nous, il est naturel d'imaginer, et on imagine en effet, qu'elle se passe de même dans l'Animal; l'analogie, dit-on, est bien fondée, puisque l'organisation et la conformation des sens, tant à l'extérieur qu'à l'intérieur, sont semblables dans l'Animal et dans l'homme. Cependant ne devrions-nous pas voir que pour que cette analogie fut en effet bien fondée, il faudroit quelque chose de plus, qu'il faudroit du moins que rien ne put la démentir, qu'il seroit nécessaire que les Animaux pussent faire, et fissent dans plusieurs occasions, tout ce que nous faisons? Or le contraire est évidemment démontré; ils n'inventent, ils ne perfectionnent rien, ils ne réfléchissent par conséquent sur rien, ils ne font jamais que les mêmes choses, de la même façon : Nous pouvons donc déja rabattre beaucoup de la force de cette analogie, nous pouvons même douter de sa réalité, et nous devons chercher si ce n'est pas par un principe différent du nôtre qu'ils sont conduits, et si leurs sens ne suffisent pas pour produire leurs actions, sans qu'il soit nécessaire de leur accorder une connoissance de réfléxion.

Explication des actions qui paroissent réfléchies dans les Animaux.

Tout ce qui est relatif à leur appétit ébranle très-vivement leurs sens intérieur, et le chien se jetteroit à l'instant sur l'objet de cet appétit, si le même sens intérieur ne conservoit pas les impressions antérieurs de douleur dont cette action à été précédemment accompagnée : les impressions antérieures ont modifié l'Animal, cette proie qu'on lui présente n'est pas offerte à un chien simplement, mais à un chien battu, et comme il à été frappé toutes les fois qu'il s'est livré à ce mouvement d'appétit, les ébranlemens de douleur se renouvellent en même tems que ceux de l'appétit se font sentir, parce que ces deux ébranlemens se sont toujours fait ensemble.

Un autre ébranlement causé par l'action de son maître, de la main duquel il a souvent reçu ce morceau qui est l'objet de son appétit, ce troisieme ébranlement dis-je, n'étant contrebalancé par rien de contraire, il devient la cause déterminante du mouvement. Le chien sera donc déterminé à se mouvoir vers son maître, et à s'agiter, jusqu'à ce que son appétit soit satisfait en entier.

Mémoire ou réminiscence des Animaux.

Il y a donc dans les Animaux une sorte de mémoire ou plutôt de réminiscence, car la mémoire dans l'homme est la trace de ses idées, dans les Animaux elle n'est qu'une réminiscence, qu'un renouvellement de ses sensations, ou plutôt de ses ébranlemens qui les ont causées ; la premiere émane de l'ame, et est bien plus parfaite que la seconde qui n'est produite que par le renouvellement des ébranlemens du sens intérieur matériel ; c'est la seule qu'on puisse accorder à l'Animal et à l'homme imbécille qui indépendamment de l'ame sans action chez lui, reve comme les Animaux, parce que les reves en général ne roulent que sur des sensations et point du tout sur des idées.

Attachement des Animaux.

L'amitié appartient à l'homme, l'attachement peut appartenir aux Animaux. L'instruction de la part des Animaux n'est qu'un effet mécanique, un résultat purement machinal dont la perfection dépend de la vivacité avec laquelle le sens intérieur matériel reçoit les impressions des objets, et de la facilité de les rendre au dehors par la similitude et la souplesse des organes extérieurs, (les singes) La société, considérée même dans une seule famille, suppose dans l'homme la faculté raisonnable; la société dans les Animaux qui semblent se réunir librement et par convenance, suppose l'expérience du sentiment, et la société des bétes qui, comme les abeilles, se trouvent ensemble sans s'être cherchées, ne suppose rien : quels qu'en puissent être les résultats, il est clair qu'ils n'ont été ni prévus, ni ordonnés, ni conçus par ceux qui les exécutent, et qu'ils ne dépendent que du mécanisme universel et des loix du mouvement établies par le Créateur.

A 5

Cause de la régularité des ouvrages des Animaux. (abeilles.)

La figure géométrique des alvéoles des abeilles n'est qu'un résultat mécanique qui se trouve souvent dans la nature, et que l'on remarque même dans ses productions les plus bruttes; les végétaux et plusieurs pierres précieuses, quelques sels etc. prennent constamment cette figure dans leur formation.

Leur prévoyance prétendue.

Les prétendues preuves de prévoyance qu'on attribue aux fourmis, aux abeilles, aux mulots, ne dépendent que de la loi générale et réelle du sentiment et de l'habitude qu'ils ont prise d'emporter leurs vivres pour les manger en repos : aussi leurs provisions excèdent-elles de beaucoup leurs besoins. Les oiseaux font leur nid, non par prévoyance, mais par le besoin qu'ils ont de se réunir et de se cacher pour se mettre à l'abri du danger. Les nids des oiseaux, les cellules des mouches, les provisions des abeilles, des fourmis, des mulots, ne supposent donc aucune intelligence dans l'Animal, et n'émanent pas de quelques loix particulièrement établies pour chaque espèce, mais dépendent, comme toutes les opérations des Animaux, du nombre, de la figure, du mouvement, de l'organisation, et du sentiment, qui sont les loix de la nature, générales et communes à tous les êtres animés.

Instinct des Animaux pour la conservation de leur progéniture.

Les Animaux ont beaucoup de sollicitude et d'instinct pour la conservation de leurs petits. On en voit un exemple entre mille dans la maniere dont les oiseaux se conduisent à l'égard du serpent à sonnette : lorsque cet animal est pressé par la faim et qu'il ne trouve pas à la satisfaire sur terre, il commence à grimper sur quelqu'arbre ou arbrisseau sur lequel un oiseau ait fait son nid ; l'oiseau paroît deviner l'intention du reptile, on voit la femelle abandonner le nid, soit qu'elle couve ou que ses petits soient déjà éclos, et elle fait son possible pour empêcher l'animal d'en approcher ; elle pousse des cris de détresse, elle paroît agitée d'un tremblement universel ; elle s'expose au danger le plus imminent, car elle s'approche quelquefois si près de la gueule du serpent, que celui-ci la frappe et en fait sa proie ; mais cela n'arrive que rarement. Elle réussit souvent à forcer l'Animal à quitter l'arbre, et alors elle retourne à son nid. Lorsqu'elle exerce ses petits à voler, s'ils tombent à terre et qu'ils soient exposés aux attaques du serpent, alors la mere se perche sur une branche voisine, et de-là s'élance sur le reptile pour occuper son attention et lui faire abandonner son projet. Mais la crainte et l'instinct qui lui font désirer sa propre conservation, la font reculer; elle retourne, elle revient; souvent elle pousse la hardiesse jusqu'à frapper le serpent de son aile, de son bec ou de ses griffes. Si le petit succombe, la mere court moins de risques; parce que tandis que l'animal est occupé à l'avaler, il n'a ni l'envie, ni le moyen de continuer ses attaques; mais l'appétit de ce reptile est si vorace, que l'orsque les petits sont dévorés, le danger recommence pour la mere qui finit souvent par être elle-même victime des vains efforts qu'elle a fait pour sauver sa famille.

Est-il rien de plus admirable que le courage d'une poule, animal naturellement si timide, pour défendre ses poussins! Rien ne l'effraie, elle brave les Animaux les plus redoutables pour elle en tout autre tems.

L'instinct des Animaux ne peut pas entrer en paralelle avec la raison de l'homme.

Celui qui a appris à l'enfant qui vient de naître à faire une pompe de sa bouche, pour tirer le lait de sa nourrice, sans lui avoir donné pour cela la connoissance de la pneumatique, a appris à l'abeille à faire une alvéole sans géométrie. C'est donc la perfection même de l'ouvrage de l'abeille que je trouve être un fort argument contre le paralelle qu'on veut faire de l'instinct des Animaux avec notre raison. Qu'est-ce que la raison humaine ? C'est une faculté qui d'abord est imbécille, puis qui se développe peu-à-peu, qui acquierre des lumieres, qui se perfectionne plus ou moins par le travail et l'usage qu'on en fait ; elle naît ignorante, elle a besoin d'être instruite, et on l'instruit.

La bête au contraire naît parfaite autant qu'elle peut l'être ; elle sait tout ce qu'elle a besoin de savoir en arrivant au monde ; elle sort de la main de son auteur toute façonnée, comme un outil sort de la main de l'ouvrier : l'abeille d'un jour est aussi bonne géométre que celle d'un an. Cette différence entre notre raison et l'instinct des Animaux suffit pour faire comprendre que l'une n'est pas l'autre ; qu'elles ont l'une et l'autre des principes différens ; que l'une et l'autre sont deux mystères dont le Créateur s'est réservé le secret ; et qu'il faut attendre à connoître l'instinct des bêtes, quand nous connoîtrons bien notre raison ; ou que le mieux enfin seroit d'adorer en silence les secrets du Créateur.

QUADRUPEDES, VIVIPARE ET OVIPARES,

REPTILES ET POISSONS.

SECONDE LEÇON.

Animaux domestiques.

L'HOMME change l'état naturel des Animaux, en les forçant à lui obéir, et en les faisant servir à son usage. Un animal domestique est un esclave dont on s'amuse, dont on se sert, dont on abuse, qu'on attire, qu'on dépayse et qu'on dénature, tandis que l'animal sauvage n'obéissant qu'à la nature ne connoît d'autre loi que celle du besoin et de la liberté. Il faut donc lorsqu'on étudie les mœurs des Animaux domestiques, les observer assez pour pouvoir distinguer les faits qui dépendent de l'instinct, de ceux qui ne viennent que de l'éducation, reconnoître ce qui leur appartient, et ce qu'ils ont emprunté, séparer ce qu'ils font de ce qu'on leur fait faire, et ne jamais confondre l'animal avec l'esclave, la bête de somme avec la créature de Dieu.

Le caractère des animaux domestiques est en général d'avoir les oreilles pendantes (cependant le cheval et l'âne ont les oreilles droites.) plus elle sont droites et roides, plus elles appartiennent à la classe des sauvages. Ainsi le chien de berger qui a les oreilles droites, se rapproche plus de la nature que les autres chiens à oreilles pendantes.

LE CHEVAL.

Le cheval partage avec l'homme les fatigues de la guerre et la gloire des combats, aussi intrépide que son maître, le cheval voit le péril et l'affronte, il se fait au bruit des armes, il l'aime, il le cherche et s'anime de la même ardeur, il partage aussi ses plaisirs, à la chasse, aux tournois, à la course, il brille, il étincelle : mais docile autant que courageux, il ne se laisse point emporter à son feu, il sait reprimer ses mouvemens, non-seulement il fléchit sous la main qui le guide, mais il semble consulter ses désirs, et obéissant toujours aux impressions qu'il en reçoit, il se précipite, se modère ou s'arrête, et n'agit que pour y satisfaire ; c'est une créature qui renonce à son être pour n'exister que par la volonté d'un autre, qui sait même la prévenir, qui par la promptitude et la précision de ses mouvemens l'exprime et l'exécute, qui sent autant qu'on le désire, et ne rend qu'autant qu'on veut, qui se livrant sans réserve ne se refuse a rien, sert de toutes ses forces, s'excède et même meurt pour mieux obeir.

Le naturel du cheval sauvage n'est point féroce, il est fier, jamais il n'attaque, et si il est attaqué, il dédaigne son ennemi, il l'écarte ou l'écrase. Les chevaux sauvages vont par troupes, ils se réunissent pour le seul plaisir d'être ensemble, car ils n'ont aucune crainte, mais ils prennent de l'attachement les uns pour les autres. Ils vivent en paix, parce que leurs appétits sont simples et modérés, et qu'ils ont assez pour ne se rien envier.

Les jeunes chevaux qu'on éleve ensemble et qu'on mene par troupeaux, ont les mœurs douces et les qualités sociales, leur force et leur ardeur ne se marquent ordinairement que par des signes d'émulation ; ils cherchent à se devancer à la course, à se faire et même à s'animer au péril, en se défiant à traverser une riviere, sauter un fossé, et ceux qui dans ces exercices naturels donnent l'exemple, ceux qui d'eux-mêmes vont les premiers, sont les plus généreux, les meilleurs, et souvent les plus dociles et les plus souples lorsqu'ils sont une fois domptés.

On voit quelquefois dans l'isle St. Domingue des troupes de plus de 500 chevaux qui courent tous ensemble, et lorsqu'ils apperçoivent un homme, ils s'arrêtent tous, l'un d'eux s'approche à une certaine distance, souffle des naseaux, prend la fuite et tous les autres le suivent. Les chevaux sauvages qui ont été domptés, et qui se retrouvent en liberté dans les bois, ne deviennent pas sauvages une seconde fois, ils reconnaissent leurs maîtres, et se laissent approcher et reprendre aisément. Le cheval se familiarise avec l'homme et s'attache à lui, il ne quitte point nos maisons pour se retirer dans les forêts, il marque au contraire beaucoup d'empressement pour revenir au gîte ; s'ils se trouvent abandonnés dans les bois, ils ne cessent de hennir pour se faire entendre, ils accourent à la voix des hommes, ils maigrissent et dépérissent en peu de tems, quoiqu'ils aient abondamment de quoi varier leur nourriture et satisfaire leur appétit. Leurs mœurs viennent donc presqu'en entier de leur éducation, et cette éducation suppose des soins et des peines que l'homme ne prend pour aucun autre animal, mais dont il est dédommagé par les services continuels que lui rend celui-ci.

L' A S N E.

La noblesse de l'âne est toute aussi bonne, toute aussi ancienne que celle du cheval; pourquoi donc tant de mépris pour cet animal si bon, si patient, si sobre, si utile? Si l'âne n'avoit pas un grand fond de bonnes qualités, il les perdroit par la maniere dont on l'éleve et dont on le traite. L'âne de son naturel est aussi humble, aussi patient, aussi tranquil, que le cheval est fier, ardent, impétueux, il souffre avec constance et peut-être avec courage les chatimens et les coups; il est sobre et sur la qualité et sur la quantité de la nourriture, il se contente des herbes les plus dures, les plus désagréables. Il est fort délicat sur l'eau, il ne veut boire que de la plus claire et aux ruisseaux qui lui sont connus. Comme on ne prend pas soin de l'étriller, il se roule souvent sur le gazon et semble reprocher à son maître le peu de soin qu'on prend de lui. Il craint de se mouiller les pieds, et il se détourne pour éviter la boue. Il est susceptible d'éducation et l'on en a vu d'assez bien dressés pour faire curiosité de spectacle.

Dans la premiere jeunesse l'âne est gai et même assez joli, il a de la légereté et de la gentillesse. Mais il la perd bientôt, soit par l'âge, soit par les mauvais traitemens, et il devient lent, indocile et têtu. Il n'est ardent que pour le plaisir, ou plutot il en est furieux au point que rien ne peut le retenir, et que l'on en a vu s'excéder et mourir quelques instans après, et comme il aime avec une espece de fureur, il a aussi pour sa progéniture le plus fort attachement. Il s'attache à son maître quoiqu'il en soit ordinairement maltraité, il le sent de loin et le distingue de tous les autres hommes. Il reconnoît aussi les lieux qu'il a coutume d'habiter, les chemins qu'il a fréquenté, il a les yeux bons, l'odorat admirable, l'oreille excellente, aussi est-il mis au nombre des Animaux timides, qui ont tous, à ce qu'on prétend l'ouie fine, et les oreilles longues. L'âne sauvage court si vite, qu'il n'y a que les chevaux barbes qui puissent l'atteindre à la course; lorsque ces animaux voient un homme, ils jettent un cri, font une ruade, s'arrètent, et ne fuient que l'orsqu'on les approche. Ils vont par troupe pâturer et boire.

LE BŒUF.

Le bœuf, le mouton et les autres Animaux qui paissent l'herbe, non-seulement sont les meilleurs, les plus utiles, les plus précieux pour l'homme, puisqu'ils le nourrissent et lui fournissent des habits, mais sont encore ceux qui consomment et dépensent le moins; le bœuf sur-tout est à cet égard l'animal par excellence, car il rend à la terre tout autant qu'il en tire, et même il améliore le fond sur lequel il vit, il engraisse son pâturage, au lieu que le cheval et la plupart des autres Animaux amaigrissent en peu d'années les meilleurs prairies.

Le bœuf semble avoir été fait exprès pour la charrue, la masse de son corps, la lenteur de ses mouvemens, tout jusqu'à sa tranquillité et sa patience dans le travail, semble concourir à le rendre propre à la culture des champs. La nature a fait le teaureau indocile et fier; dans le tems du rût, il devient indomptable et furieux, mais par la castration, il devient plus patient, plus docile, et moins incommode aux autres. Un troupeau de taureaux ne seroit qu'une troupe effrénée que l'homme ne pourroit ni dompter ni conduire. Les vaches et les bœufs aiment beaucoup le vin, le vinaigre, le sel : ils dévorent avec avidité une salade assaisonnée.

Les Hottentots ont une espèce de bœuf à bosse ou bisons appelé *Bakeleys* ou *Bakkeleyers* dont ils prennent les mêmes soins que les Arabes pour leurs chevaux ; ils les élevent avec tant de douceur que ces animaux deviennent affectionnés, sensibles, intelligens, et qu'ils font par amour ce qu'ils ne font chez nous que par crainte ; ils s'en servent à la guerre, comme on se sert en Asie des Eléphans. Chaque armée est fournie d'un bon troupeau de ces bœufs de combats qui se laissent gouverner sans peine et que leurs conducteurs lâchent à propos. Ils sont aussi dociles à leurs voix que le sont ici nos chiens : au moindre signal, ces animaux belliqueux tombent sur l'armée ennemie avec fureur, rien ne peut les arrêter ; ils frappent des cornes, ils tuent, ils renversent, éventrent, foulent aux pieds avec une férocité affreuse tout ce qui se présente devant eux ; ils s'élancent au milieu des rangs, y jettent la confusion sans que rien les effraie.

Les Hottentots ont encore de ces bœufs qui sont instruits à garder les troupeaux, les ramener, les défendre des bêtes féroces ; ils connoissent toutes les personnes du village dont le troupeau leur est confié et les en laissent approcher , mais un étranger ne le feroit pas impunément, il seroit tué à coup de cornes et foulé aux pieds.

Aux Indes on se sert de ces bœufs à bosse comme de monture pour voyager, ou aux charrois.

LA BREBIS.

Si l'on considère que la brebis sans défense ne peut même trouver son salut dans la fuite, qu'elle a pour ennemis tous les animaux carnaciers qui semblent la chercher de préférence et la dévorer par goût, on seroit tenté de croire, que dès le commencement cet animal a été confié à la garde de l'homme, qu'il a eu besoin de sa protection pour subsister et de ses soins pour se multiplier, puisqu'en effet on ne trouve point de brebis sauvages dans les déserts.

La brebis est absolument sans ressource et sans défenses ; le bélier n'a que de foibles armes, son courage n'est qu'une pétulance inutile pour lui-même, incommode pour les autres.; les moutons sont encore plus timides que les brebis ; c'est par crainte qu'ils se rassemblent si souvent en troupeaux, le moindre bruit extraordinaire suffit pour qu'ils se précipitent et se serrent les uns contre les autres et cette crainte est accompagnée de la plus grande stupidité, car ils ne savènt pas fuir le danger; ils semblent même ne pas sentir l'incommodité de leur situation; ils restent où ils se trouvent, à la pluie, à la neige, ils y demeurent opiniatrement, et pour les obliger à changer de lieu, et à prendre une autre route, il leur faut un chef qu'on instruit à marcher le premier, et dont ils suivent tous les mouvemens pas à pas : le chef demeureroit lui-même avec le reste du troupeau sans mouvement dans la même place, s'il n'étoit chassé par le berger ou excité par le chien commis à leur garde, lequel sait en effet veiller à leur sûreté, les défendre, les diriger, les séparer, les rassembler et leur communiquer les mouvemens qui leur manquent.

Ce sont donc de tous les animaux quadrupèdes les plus stupides, ce sont ceux qui ont moins de ressources et d'instinct : les chevres qui leur ressemblent à tant d'autres égards, ont beaucoup plus de sentimens; elles savent se conduire, elles évitent le danger, elles se familiarisent aisément avec les nouveaux objets, au lieu que la brebis ne sait ni fuir, ni s'approcher, quelque besoin qu'elle ait de secours elle ne vient point à l'homme aussi volontiers que la chevre, et ce qui

dans

dans les animaux paroît être le dernier
dégré de timidité ou de l'insensibilité,
elle se laisse enlever son agneau sans le
défendre, sans s'irriter, sans resister, et
sans marquer sa douleur par un cri différent du bêlement ordinaire.

Mais cet animal si chétif en lui-même,
si dépourvu de sentiment, si dénué de
qualités intérieures, est pour l'homme le
plus précieux, celui dont l'utilité est la
plus immédiate et la plus étendue : seul
il peut suffire aux besoins de premiere
nécessité, il fournit à la fois de quoi se
nourrir et se vêtir, sans compter les avantages particuliers que l'on sait tirer du
suif, du lait, de la peau et même des
boyaux, des os et du fumier de cet animal, auquel il semble que la nature n'ait,
pour ainsi-dire, rien accordé en propre,
rien donné que pour le rendre à l'homme.

L'amour est le seul sentiment qui semble donner quelque vivacité, quelque
mouvement au bélier, il devient pétulant, il se bat, il s'élance contre les
autres béliers, quelquefois même il attaque son berger, mais la brebis quoiqu'en
chaleur, n'en paroît pas plus animée, pas
plus vive, elle n'a qu'autant d'instinct
qu'il en faut pour ne pas refuser les approches du mâle, pour choisir sa nourriture et pour reconnoître son agneau.

L'instinct est d'autant plus sûr qu'il est plus machinal et pour ainsi-dire plus inné ; le jeune agneau cherche lui-même dans un nombreux troupeau, trouve et saisit la mamelle de sa mere sans jamais se méprendre. L'on dit aussi que les moutons sont sensibles aux douceurs du chant, qu'ils paissent avec plus d'assiduité, qu'ils se portent mieux, qu'ils engraissent au son du chalumeau, que la musique a pour eux des attraits. Mais l'on dit encore plus souvent, et avec plus de fondement, qu'elle sert au moins à charmer l'ennui du berger, et que c'est à ce genre de vie oisive et solitaire, que l'on doit rapporter l'origine de cet art.

LA CHEVRE.

La chevre a de sa nature plus de sentiment et de ressource que la brebis, elle vient à l'homme volontiers, elle se familiarise aisément, elle est sensible aux caresses et capable d'attachement ; elle est aussi plus forte, plus légere, plus agile et moins timide que la brebis, elle est vive, capricieuse, lascive et vagabonde. Ce n'est qu'avec peine qu'on la conduit et qu'on peut la réduire en troupeau : elle aime à s'écarter dans les solitudes, à grimper sur les lieux escarpés, à se placer et même à dormir sur la pointe des rochers et sur le bord des précipices. Elle est robuste, aisée à nourrir. L'inconstance de son naturel se marque par l'irrégularité de ses actions, elle marche, elle s'arrête, elle court, elle bondit, elle saute, s'approche, s'éloigne, se montre, se cache ou fuit comme par caprice, et sans autre cause déterminante que celle de la vivacité bisarre de son sentiment intérieur ; et toute la souplesse des organes, tout le nerf du corps suffisent à peine à la pétulance et à la rapidité de ces mouvemens qui lui sont naturels.

On a des preuves que ces animaux sont naturellement amis de l'homme et que dans les lieux inhabités ils ne deviennent pas sauvages. En 1698 un vaisseau anglois ayant relâché à l'isle de Bonavista, deux negres se présentèrent a bord, et offrirent *gratis* aux Anglois autant de boucs qu'ils en voudroient emporter ; à l'étonnement que le capitaine marqua de cet offre, les négres répondirent qu'il n'y avoit que douze personnes dans toute l'isle, que les boucs et les chevres s'y étoient multipliées jusqu'à devenir incommodes, et que loin de donner beaucoup de peines à les prendre, ils suivoient les hommes avec une sorte d'obstination comme les animaux domestiques. (*a*)

(*a*) Hist. génér. des voyages Tome I. p. 518.

LE COCHON.

De tous les quadrupedes le cochon paroît être l'animal le plus brut; les imperfections de la forme semblent influer sur le naturel, toutes ses habitudes sont grossieres, tous ses goûts sont immondes, toutes ses sensations se réduisent à une luxure furieuse et à une gourmandise brutale qui lui fait dévorer indistinctement tout ce qui se présente, et même sa progéniture au moment qu'elle vient de naître. Il est peu sensible aux coups.

Le sanglier voit, entend et sent de fort loin, puisqu'on est obligé pour le surprendre, de l'attendre en silence pendant la nuit et de se placer au-dessous du vent pour dérober à son odorat les émanations qui le frappent de loin, et toujours assez vivement pour lui faire sur le champ rebrousser chemin.

Les cochons n'ont aucun sentiment bien distinct, les petits reconnoissent à peine leur mere, ou du moins sont fort sujets à se méprendre et à têter la premiere truie qui leur laisse saisir ses mamelles. Les petits du cochon sauvage, ou du sanglier sont fidèlement attachés à leur mere, qui paroit être aussi plus attentive à leurs besoins, que ne l'est la truie domestique; sans doute que le besoin et la nécessité leurs donnent un peu plus de sentimens et d'instinct qu'aux cochons domestiques.

Le jour le sanglier reste ordinairement dans sa bauge, au plus épais et dans le plus fort du bois, le soir à la nuit il en sort pour chercher sa nourriture.

Le sanglier d'Afrique l'emporte en agilité sur les porcs de notre pays, il se laisse frotter volontiers de la main et même avec un bâton; il semble qu'on lui fait encore plus de plaisir en le frotant rudement. Quand on l'agace ou qu'on le pousse, il se recule en arriere faisant toujours face du côté qu'il est assailli, et secouant ou heurtant vivement de la tête. Après avoir été long-tems enfermé, si on le lache, il paroit fort gai, il saute et donne la chasse aux daims, et aux autres animaux en redressant la queue, qu'autrement il porte pendante.

B 3

TROISIEME LEÇON.

LE CHIEN.

LE chien indépendamment de la beauté de sa forme, de la vivacité, de la force, de la légereté, a par excellence toutes les qualités intérieures qui peuvent lui attirer le regard de l'homme. Un naturel ardent, colere, même féroce et sanguinaire rend le chien sauvage redoutable à tous les animaux et cede dans les chiens domestiques aux sentimens les plus doux, au plaisir de s'attacher et au désir de plaire. Il vient en rempant mettre aux pieds de son maître son courage, sa force, ses talens : il attend ses ordres pour en faire usage, il le consulte, il l'interroge, il le supplie ; un coup d'œil suffit, il entend les signes de sa volouté : sans avoir comme l'homme la lumiere de la pensée, il a toute la chaleur du sentiment, il a de plus que lui la fidélité et la constance dans ses affections ; nulle ambition, nul intérêt, nul désir de vengeance, nulle crainte que celle de déplaire ; il est tout zele, tout ardeur, tout obéissance ; plus sensible au souvenir des bienfaits qu'à celui des outrages, il ne se rebute pas par les mauvais traitemens, il les subit, les oublie, ou ne s'en souvient que pour s'attacher davantage : loin de s'irriter ou de fuir, il s'expose lui-même à de nouvelles épreuves, il leche cette main, instrument de douleur, qui vient de le frapper, il ne lui oppose que la plainte, et la désarme enfin par la patience et la soumission.

Plus docile que l'homme, plus souple qu'aucun des animaux, non-seulement le chien s'instruit en fort peu de tems, mais même il se conforme aux mouvemens, aux manieres, à toutes les habitudes de ceux qui commandent, il prend le ton de la maison qu'il hâbite, comme les autres domestiques, il est dédaigneux chez les grands et rustre à la campagne : toujours empressé pour son maître, et prévenant pour ses seuls amis, il ne fait aucune attention aux gens indifférens ; et se déclare contre ceux qui par état ne sont fait que pour importuner : il les connoit aux vêtemens, à la voix, à leurs gestes, et les empèche d'approcher. Lorsqu'on lui a confié pendant la nuit la garde de la maison, il devient plus fier et quelque fois féroce, il veille, il fait la ronde, il sent de loin les etrangers, et pour peu qu'ils s'arrêtent et tentent de franchir les barrieres, il s'élance, s'oppose, et par des aboiemens réitérés, des efforts et des cris de colere, il donne l'allarme,

B 4

avertit et combat : aussi furieux contre les hommes de proie que contre les animaux carnaciers. il se précipite sur eux, les blesse, les déchire, leur ôte ce qu'ils s'efforçoient d'enlever ; mais content d'avoir vaincu, il se repose sur ses dépouilles, n'y touche pas, même pour satisfaire son appétit ; et donne en même tems des exemples de courage, de tempérance et de fidélité.

On sentira de quelle importance cette espèce est dans l'ordre de la nature en supposant un instant qu'elle n'eut jamais existé. Comment l'homme auroit-il pû, sans le secours du chien, conquérir, dompter, réduire en esclavage les autres animaux ? Comment pourroit-il encore aujourd'hui découvrir, chasser, détruire les bêtes sauvages et nuisibles ? Pour se mettre en sureté et pour se rendre maître de l'univers vivant, il a fallu commencer par se faire un parti parmi les animaux, se concilier avec douceur et par caresses ceux qui se sont trouvés capables de s'attacher et d'obéir, afin de les opposer aux autres : le premier art de l'homme a donc été l'éducation du chien, et le fruit de cet art la conquête et la possession paisible de la terre.

L'on peut dire que le chien est le seul animal dont la fidélité soit à l'épreuve ;

le seul qui connoisse toujours son maître
et les amis de la maison, le seul qui
lorsqu'il arrive un inconnu, s'en apper-
çoive, le seul qui entende son nom,
et qui reconnoisse la voix domestique, le
seul qui ne se confie point à lui-même,
le seul qui lorsqu'il a perdu son maitre
et qu'il ne peut le retrouver, l'appelle
par ses gémissemens, le seul qui dans un
voyage long qu'il n'aura fait qu'une fois,
se souvienne du chemin et retrouve la
route, le seul enfin dont les talens naturels soient évidens et l'éducation toujours
heureuse.

On peut présumer que le chien de
berger est de tous les chiens celui qui
se rapproche le plus de la race primitive
de cet espece. Malgré sa laideur et son
air triste et sauvage, il est cependant supérieur par son instinct à tous les autres
chiens; il a un caractere décidé auquel
l'éducation n'a point de part : il est le
seul qui naisse, pour ainsi-dire, tout élevé, et guidé par le seul naturel, il s'attache de lui-même à la garde des troupeaux avec une assiduité, une vigilance,
une fidélité singuliere, il les conduit avec
une intelligence admirable et non com-
muniquée. Ses talens sont l'étonnement
et l'admiration de son maître; tandis qu'il
faut au contraire beaucoup de tems et de

peines pour instruire les autres chiens, et les dresser aux usages auxquels on les destine.

LE CHAT.

Le chat est un domestique infidele qu'on ne garde que par nécessité, pour l'opposer à un ennemi domestique encore plus incommode, et qu'on ne peut chasser. Quoique les chats, sur-tout quand ils sont jeunes, aient de la gentillesse, ils ont en même tems une malice innée, un caractere faux, un naturel pervers, que l'âge augmente encore, et que l'éducation ne fait que masquer. De voleurs déterminés, ils deviennent seulement, lorsqu'ils sont bien élevés, souples et flatteurs comme les fripons; ils ont la même adresse, la même subtilité, le même goût pour faire le mal, le même penchant à la petite rapine; comme eux ils savent couvrir leur marche, dissimuler leur dessein, épier les occasions, attendre, choisir, saisir l'instant de faire leur coup, se dérober ensuite au châtiment, fuir et demeurer éloignés jusqu'à ce qu'on les rappelle. Ils prennent aisément des habitudes de société, mais jamais de mœurs; ils n'ont que l'apparence de l'attachement, on le voit à leurs mouvemens obliques, à leurs yeux équivoques : ils ne

regardent jamais en face la personne ai-
mée; soit défiance ou fausseté, ils prennent des détours pour en approcher, pour
chercher des caresses auxquelles ils ne
sont sensibles que pour le plaisir qu'elles
leurs font. Bien différent de cet animal
fidele, dont tous les sentimens se rapportent à la personne de son maître, le
chat ne paroit sentir que pour soi, n'aimer que sous condition, ne se prêter au
commerce que pour en abuser; et par
cette convenance de naturel, il est moins
incompatible avec l'homme, qu'avec le
chien dans lequel tout est sincere.

La forme du corps et le tempéramment sont d'accord avec le naturel; le
chat est joli, leger, adroit, propre et
voluptueux, il aime ses aises, il cherche
les meubles les plus mollets pour s'y reposer et s'ébattre. Les chattes ont un
très-grand soin de leurs petits, mais par
une bizarrerie difficile à comprendre, les
mêmes meres si soigneuses et si tendres,
deviennent cruelles, dénaturées, et dévorent leurs petits qui leurs étoient si chers.

Les jeunes chats sont gais, vifs, jolis,
et seroient aussi très-propres à amuser les
enfans, si les coups de patte n'étoient pas
si à craindre; mais leur badinage, quoique toujours agréable et leger, n'est jamais innocent, et bientôt il se tourne en

malice habituelle, et comme ils ne peuvent exercer leurs talens avec quelqu'avantage que sur les plus petits animaux, ils se mettent à l'affut près d'une cage, ils épient les oiseaux, les souris, les rats, et deviennent d'eux-mêmes, et sans y être dressés plus habiles à la chasse que les chiens les mieux instruits. Leur naturel ennemi de toute contrainte, les rend incapables d'une éducation suivie. Ils n'ont aucune docilité, ils manquent aussi de la finesse, de l'odorat qui dans le chien sont deux qualités éminantes ; aussi ne poursuivent-ils pas les animaux qu'ils ne voient plus ; il ne les chassent pas, mais ils les attendent, les attaquent par surprise ; et après s'en étre joués long-tems ils les tuent sans aucune nécessité, lors même qu'ils sont les mieux nourris et qu'ils n'ont aucun besoin de cette proie pour satisfaite leur appétit.

On ne peut pas dire que les chats, quoiqu'habitans de nos maisons, soient des animaux domestiques ; ceux qui sont les mieux apprivoisés, n'en sont pas plus asservis : on peut même avancer qu'ils sont entierement libres, ils ne font que ce qu'ils veulent, et rien au monde ne seroit capable de les retenir un instant de plus dans un lieu dont ils voudroient s'éloigner. D'ailleurs la plupart sont à demi-sauvages,

ne connoissent pas leurs maîtres , ne fréquentent que les greniers et les toits , et
quelquefois la cuisine et l'office , lorsque
la faim les presse. Ils prennent moins d'attachement pour les personnes que pour
les maisons auxquelles ils reviennent lorsqu'on les transporte à des distances assez
considérables. Ils craignent l'eau , le froid
et les mauvaises odeurs ; ils recherchent
les endroits chauds , et se laissent caresser volontiers par les personnes qui
portent des parfums. L'odeur de la plante
qu'on appelle *l'herbe aux chats* les remue
si fortement et si délicieusement, qu'ils en
paroissent transportés de plaisir. Leur
sommeil est léger, et ils dorment moins
qu'ils ne font semblant de dormir. Ils
marchent légerement , presque toujours
en silence et sans faire aucun bruit. Ils
se cachent et s'éloignent pour rendre leurs
excrémens et les recouvrent de terre.

QUATRIEME LEÇON.
Animaux sauvages.

LES animaux sauvages vivent constamment de la même façon, on ne les voit pas errer de climats en climats, s'ils s'éloignent, ce sont moins leurs ennemis qu'ils fuient que la présence de l'homme. En effet c'est l'homme qui les inquiete, qui les écarte, qui les disperse, qui les rend une fois plus sauvages qu'ils ne le seroient en effet, car la plupart ne demandent que la tranquillité, la paix et l'usage aussi modéré qu'innocent de l'air et de la terre. Ils sont même portés par la nature à demeurer, à se réunir en famille, à former des especes de sociétés. On voit encore des vestiges de ces sociétés dans les pays dont l'homme ne s'est pas totalement emparé ; on y voit même des ouvrages faits en commun, des especes de projets, qui, sans être raisonnés, paroissent fondés sur des convenances raisonnables, dont l'exécution suppose au moins l'accord, l'union et le concours de ceux qui s'en occupent. Ce n'est que dans les pays reculés, éloignés ou ils craignent peu la rencontre des hommes, qu'il cherchent à s'établir et à rendre leur demeure

Chevreuil
Sanglier
Daim
Cerf
Lievre
Chamois
Loup

plus fixe et plus commode, en y construisant des especes d'habitations, des especes de bourgades. Dans les pays au contraire ou les hommes se sont répandus, la terreur semble habiter avec eux, il n'y a plus de société parmi les animaux ; toute industrie cesse, tout art est étouffé, ils ne songent plus à bâtir, ils négligent toute commodité, toujours pressés par la crainte et par la nécessité, ils ne cherchent qu'à vivre, ils ne sont occupés qu'à fuir et à se cacher.

LE CERF.

Le cerf est l'un de ces animaux innocens, doux et tranquils qui ne semblent être faits que pour embellir ; animer la solitude des forêts, et occuper loin de nous les retraites paisibles de ces jardins de la nature. Sa forme élégante et légere, sa taille aussi svelte que bien prise, ses membres flexibles et nerveux, sa tête parée plutôt qu'armée d'un bois vivant, et qui comme la cime des bois tous les ans se renouvelle ; sa grandeur, sa légéreté, sa force le distinguent assez des autres habitans des bois. Le cerf est très-ardent et très-inconstant dans ses amours. En général les cerfs sont portés à demeurer les uns avec les autres, à marcher de compagnie, et ce n'est que la crainte ou la nécessité qui les disperse ou les sépare. Le cerf paroît avoir l'œil bon, l'odorat exquis et l'oreille excellente. Lorsqu'il veut écouter, il leve la tête, dresse les oreilles, et alors il entend de fort loin, lorsqu'il entre dans un petit taillis ou dans quelqu'autre endroit à demi couvert, il s'arrête pour regarder de tous côtés, et cherche ensuite le dessous du vent pour sentir s'il n'y a pas quelqu'un qui puisse l'inquiéter. Il est d'un naturel assez simple, et cependant il est curieux et rusé : lorsqu'on le siffle ou qu'on l'appelle de loin, il s'arrête tout court et regarde fixement et avec une espece d'admiration les voitures, le bétail, les hommes, et s'ils n'ont ni armes, ni chiens, il continue à marcher d'un pas réglé et tranquille, et passe son chemin fierement et sans fuir. Il paroît aussi écouter avec autant de tranquillité que de plaisir le chalumeau ou le flageolet des bergers, et les chasseurs se servent quelquefois de cet artifice pour le rassurer. En général il craint beaucoup moins l'homme que les chiens, et ne prend de la défiance et de la ruse, qu'à mesure et qu'autant qu'il aura été inquiété. Il mange lentement et choisit sa nourriture ; il nage très-bien.

LE DAIM.

Les daims sont portés à demeurer ensemble, ils se mettent en bandes et restent presque toujours les uns avec les autres. Dans les parcs, lorsqu'ils se trouvent un grand nombre, ils forment ordinairement deux troupes, qui sont bien distinctes, bien séparées, et qui bientôt deviennent ennemies, parce qu'ils veulent également occuper le même endroit du parc; chacune de ces troupes à son chef qui marche le premier, et c'est le plus fort et le plus âgé; les autres le suivent et tous se disposent a combattre pour chasser l'autre troupe du bon pays. Ces combats sont singuliers par la disposition qui paroît y régner : ils s'attaquent avec ordre, se battent avec courage, se soutiennent les uns les autres, et ne se croient pas vaincus par un seul échec; car le combat se renouvelle tous les jours, jusqu'à ce que les plus forts chassent les plus foibles et les reléguent dans leur mauvais pays. Les connoissances du daim sont en plus petit, les mêmes que celles du cerf, les mêmes ruses leurs sont communes, seulement elles sont plus répétées par le daim. Il s'apprivoise très-aisément.

LE CHEVREUIL.

Le chevreuil a plus de grace, plus de vivacité et même plus de courage que le cerf; il est plus gai, plus leste, plus éveillé; sa forme est plus arrondie, plus élégante et sa figure plus agréable, il ne se plaît que dans les pays les plus élevés, les plus secs, ou l'air est le plus pur. Il est encore plus rusé, plus adroit à se dérober, plus difficile à suivre, il a plus de finesse, plus de ressources et d'instinct que le cerf. Les chevreuils ne se réunissent pas en troupes, ils demeurent en familles, le pere, la mere et les petits vont ensemble, on ne les voit jamais s'associer avec des étrangers; il sont aussi constans dans leurs amours, que le cerf l'est peu; ils ne chassent leurs petits que lorsqu'ils ont l'espérance d'une augmentation de famille. On peut apprivoiser les chevreuils mais non pas les rendre obéissans, ni même familiers; ils retiennent toujours quelque chose de leur naturel sauvage. Ils s'épouvantent aisément, et ils se précipitent contre les murailles avec tant de force, que souvent ils se cassent les jambes. Quelque privés qu'ils puissent être; il faut s'en défier; les mâles surtout sont sujets a des caprices dangereux; à prendre certaines personnes en aversion, et alors ils s'élancent et donnent des coups de tête assez forts pour renverser un homme, et ils le foulent encore avec les pieds lorsqu'ils l'ont renversé.

LE CHAMOIS.

Le chamois est un animal sauvage, alerte, précautionné, mais timide : il habite les montagnes les plus élevées ; ces animaux vont par troupes à la pâture le matin et le soir, rarement dans la journée. Pendant qu'ils paissent, il y en a toujours un de la bande qui est en sentinelle et a l'œil au guet. Dès qu'il sent, apperçoit ou entend quelque chose, Il jette un cri pour avertir tous les autres de fuir. Ils sont extrèmement agiles, il semble a les voir dans les précipices et sur la pointe des rochers, qu'ils aient plutôt des aîles que des jambes. Lorsqu'on les attrappe jeunes, on peut les apprivoiser comme les chevreuils, on les met au nombre des animaux chastes, parceque chaque mâle habite avec sa fémelle.

Les chamois ont pour ennemi le condor, le plus énorme des oiseaux de proie. Lorsque le condor voit un chamois sur un roc escarpé, il prend son vol de maniere à le renverser dans quelque précipice pour jouir commodément de sa proie.

LE LIEVRE.

Les lievres passent leur vie dans la solitude ; ils ne sont pas aussi sauvages que leurs habitudes et leurs mœurs paroissent l'indiquer ; ils sont doux et susceptibles d'une espece d'éducation ; on les apprivoise aisément, ils deviennent même caressans ; mais ils ne s'attachent jamais assez pour devenir animaux domestiques, car ceux-mêmes qui ont été pris tout petits et élevés dans la maison, dés qu'ils en trouvent l'occasion, se mettent en liberté et s'enfuient à la campagne. Comme ils ont l'oreille bonne, qu'ils s'asseyent volontiers sur leurs pattes de derrierre, et qu'ils se servent de celles de devant comme de bras, on en a vu qu'on avoit dressés à battre du tambour, à gesticuler en cadences, etc.

En général le lievre ne manque pas d'instinct pour sa propre conservation, ni de sagacité pour échapper à ses ennemis : il se forme un gîte, il choisit en hiver les lieux exposés au midi, et en été il se loge au nord : il se cache, pour n'être pas vu, entre des mottes qui sont de la couleur de son poil. » J'ai vû, dit *Fouilloux*, (*a*) » un lievre si malicieux que depuis qu'il

(*a*) Vénérie de Fouilloux, Paris 1614, fol. 64 et 65.

» oyoit la troupe, il se levoit du gîte,
» et eut-il été à un quart de lieu dé-là,
» il s'en alloit nager en un étang, se
» relaissant au milieu d'icelui sur des
» joncs, sans être aucunement chassé des
» chiens. J'ai vu courir un lievre bien
» deux heures devant les chiens, qui après
» avoir couru, venoit pousser un autre et
» se mettre en son gîte. J'en ai vu d'au-
» tres qui nageoient deux ou trois étangs,
» dont le moindre avoit 80 pas de lar-
» geur. J'en ai vu d'autres, qui après
» avoir été bien courus l'espace de deux
» heures, entroient par-dessous la porte
» d'un toit à brebis, et se relaissoient
» parmi le bétail. etc. »

Les lievres ne quittent gueres le lieu qui les a vu naître à deux lieux à la ronde, et s'ils ont été forcés de s'en éloigner, ils y reviennent bientôt. Le lievre au gîte se laisse ordinairement approcher de fort près, sur-tout si l'on ne fait pas semblant de le regarder, et si au lieu d'aller direc-tement à lui, on tourne obliquement pour l'approcher. Il craint plus les chiens que les hommes.

LE LAPIN.

La fémelle du lapin pratique un nou-veau terrier en zig-zag au fond duquel elle fait une excavation, après quoi elle s'arrache sous le ventre une assez gsande quantité de poils, dont elle fait une espece de nid pour recevoir ses petits; elle en a un grand soin pendant plus de six semaines, lorsqu'elle sort de son terrier, elle le bouche avec de la terre détrempée de son urine pour en interdire l'entrée au mâle qui ne voit et n'adopte ses petits que lorsqu'ils peuvent venir au bord du trou, et qu'ils commencent à manger du seneçon et d'autres herbes; il les reconnoît alors, il les prend entre ses pattes, il leur lustre le poil, il leur leche les yeux, et tous le uns après les autres ont également part à ses soins; dans ce même tems la mere lui fait beaucoup de caresses et souvent devient pleine peu de jours après. La paternité chez les lapins est très respectée, non-seulement les petits d'un lapin, mais ceux qu'ils font ensuite ont de la déférance pour leur pere pour leur grand-pere, et dès qu'il y a querelle entre eux, le grand-pere accourt, lorsqu'on l'apperçoit, tout rentre dans l'ordre, s'il en attrappe quelqu'un aux prises avec un autre, il les sépare, et en fait sur le champ un exemple de punition. Si on les appelle pour les faire rentrer, le grand-pere se met à leur tête, les fait défiler devant lui et ne rentre que le dernier.

CINQUIEME LEÇON.

Animaux carnassiers.

LE LOUP.

Le loup est naturellement grossier et poltron, mais il devient ingénieux par le besoin, et hardi par nécessité : pressé par la famine, il brave le danger, vient attaquer les animaux qui sont sous la garde de l'homme, et lorsque cette maraude lui réussit, il revient souvent à la charge, jusqu'à ce qu'ayant été blessé, ou chassé et maltraité par les hommes et les chiens, il se retire pendant le jour dans son fort, n'en sort que la nuit, parcourt la campagne, rode autour des habitations, ravit les animaux abandonnés, vient attaquer les bergeries, gratte et creuse la terre sous les portes, entre furieux, met tout à mort avant de choisir et d'emporter sa proie. Lorsque ces courses ne lui produisent rien, il retourne au fond des bois, se met en quête, cherche, suit à la piste, chasse, poursuit les animaux sauvages, dans l'espérance qu'un autre loup pourra les arrêter, les saisir dans leur fuite, et qu'ils en partageront la dépouille. Enfin lorsque le besoin est extrême, il s'expose à tout, attaque les femmes et les enfans, se jette quelquefois même sur les hommes, devient furieux par ces excès qui finissent ordinairement par la rage et la mort.

Les loups s'entredévorent, et lorsqu'un loup est grièvement blessé, les autres le suivent au sang et s'attroupent pour l'achever. Le loup pris jeune se prive, mais ne s'attache point, la nature est plus forte que l'éducation, il reprend avec l'âge son caractere féroce et retourne dès qu'il le peut à son état sauvage. Le loup est ennemi de toute société, il ne fait pas même compagnie à ceux de son espèce; lorsqu'on les voit plusieurs ensemble, ce n'est point une société de paix, c'est un attroupement de guerre qui se fait à grand bruit avec des hurlemens affreux, et qui dénote un projet d'attaquer quelque gros animal, comme un cerf, un bœuf, ou de se défaire de quelque redoutable mâtin.

La louve prépare un lit commode pour ses petits, elle les allaite pendant quelques semaines, elle leur apprend bientôt à manger de la chair qu'elle leur prépare en la machant. Quelque tems après elle leur apporte des mulots, des levreaux, des perdrix, des volailles vivantes; les louveteaux commencent par jouer avec elles,

elles, et finissent par les étrangler. La louve ensuite les déplume, les écorche, les déchire et en donne une part à chacun; ils suivent leur mere pendant quelque tems; quand on les attaque, elle les défend de toutes ses forces et même avec fureur.

Le loup quoique féroce, est timide. Lorsqu'il tombe dans un piege, il est si fort et si long-tems épouvanté, qu'on peut le tuer sans qu'il se défende, ou le prendre vivant sans qu'il résiste. On peut lui mettre un collier, l'enchaîner, le museler, le conduire ensuite partout où l'on veut, sans qu'il ose donner le moindre signe de colere ou de mécontentement.

Ces animaux, à force de tems et de contrainte, sont susceptibles de quelqu'espèce d'éducation, puisqu'en Perse on les fait servir à des spectacles pour le peuple, on les exerce de jeunesse à la danse, ou plutôt à une espèce de lutte contre un grand nombre d'hommes. Les loups qu'on fait élever, tant qu'ils sont jeunes, sont assez dociles et même caressans, et s'ils sont bien nourris, ils ne se jettent ni sur la volaille, ni sur les autres animaux, mais à 18 mois ou deux ans, ils reviennent à leur naturel, on est forcé de les enchaîner pour les empêcher de s'enfuir et de faire du mal. Il n'y a de bon dans le loup que sa peau dont on fait des fourures chaudes et durables. Désagréable en tout, la mine basse, l'aspect sauvage, la voix effrayante, l'odeur insupportable, le naturel pervers, les mœurs féroces, le loup est odieux, nuisible de son vivant, inutile après sa mort.

LE RENARD.

Le renard est fameux par ses ruses et mérite en partie sa réputation ; ce que le loup ne fait que par la force, le renard le fait par adresse et il réussit plus souvent. Sans chercher à combattre les chiens et les bergers, sans attaquer les troupeaux, sans traîner les cadavres, il est plus sûr de vivre : il emploie plus d'esprit que de mouvement ; ses ressources semblent être en lui-même ; ce sont comme l'on sait, celles qui manquent le moins. Fin autant que circonspect, ingénieux et prudent même jusqu'à la patience, il varie sa conduite, il a des moyens de réserve qu'il sait n'employer qu'à propos. Il veille de près à sa conservation ; quoiqu'aussi infatigable et même plus léger que le loup, il ne se fie pas entierement à la vîtesse de sa course, il sait se mettre en sûreté en se pratiquant un asyle où il se retire dans les dangers pressans, où il s'établit, où il éleve ses petits ; il n'est point ani-

Furet
Renard
Ecureuil
Blaireau
Cochon d'Inde
Loutre
Taupe
Herisson
Chauve Souris
Castor

mal vagabond, mais animal domicilié. Le renard tourne tout à son profit. Il se loge au bord des bois, à portée des hameaux ; il écoute le chant des coqs et le cri des volailles, il les savoure de loin , il prend habilement son tems, cache son dessein et sa marche ; se glisse, se traîne, arrive et fait rarement des tentatives inutiles. S'il peut franchir les clotures et passer par dessous, il ne perd pas un instant, il ravage les basses-cours, il y met tout à mort, se retire ensuite lentement en emportant sa proie qu'il cache sous la mousse, ou porte à son terrier; il revient quelques momens après en chercher une autre qu'il emporte et cache de même, mais dans un autre endroit ; ensuite une troisieme, une quatrieme, ect. jusqu'à ce que le jour ou le mouvement dans la maison l'avertisse qu'il faut se retirer et ne plus revenir. Il fait la même manœuvre dans les pipées et dans les boquetaux où l'on prend les grives et les bécasses au lacet, il devance le pipeur, va de très-grand matin , et souvent plus d'une fois par jour, visiter les lacets, les gluaux, emporte successivement les oiseaux qui se sont empêtrés , les dépose tous en différens endroits , sur-tout au bord des chemins , dans les ornieres, sous de la mousse , sous un genievre , les y laisse quelquefois deux ou trois jours, et sait parfaitement les retrouver au besoin. Il chasse les jeunes levreaux en plaine, saisit quelquefois les lievres au gîte, ne les manque jamais lorsqu'ils sont blessés, déterre les lapreaux dans les garennes, découvre les nids de perdrix, de cailles, prend la mere sur les œufs, et détruit une quantité prodigieuse de gibier ; le loup nuit plus au paysan, le renard nuit plus au ci-devant gentil-homme.

Le renard ne s'apprivoise pas aisément, et jamais tout-à-fait ; il languit lorsqu'il n'a pas la liberté, et meurt d'ennui lorsqu'on veut le garder trop long-tems en domesticité.

Lorsque la femelle du renard est pleine, elle se recele, sort rarement de son terrier, dans lequel elle prépare un lit à ses petits. Lorsqu'elle s'apperçoit que sa retraite est découverte, et qu'en son absence ses petits ont été inquiétés, elle les transporte tous les uns après les autres et va chercher un autre domicile.

Des renards qui se jettoient sur les poules lorsqu'ils étoient en liberté, n'y touchoient plus dès qu'ils avoient leur chaîne. On attachoit souvent auprès d'eux une poule vivante, on les laissoit passer la nuit ensemble, on les faisoit même jeuner auparavant ; malgré le besoin et la commodité, ils n'oublioient pas qu'ils étoient enchaînés, et ne touchoient point à la poule.

LE BLAIREAU.

Le blaireau est un animal paresseux, défiant, solitaire, qui se retire dans les lieux les plus écartés, dans les bois les plus sombres, et s'y creuse une demeure, souterraine ; il semble fuir la société, même la lumiere, et passe les trois-quarts de sa vie dans ce séjour ténébreux dont il ne sort que pour chercher sa subsistance. Comme il a le corps allongé, les jambes courtes, les ongles, sur-tout ceux des pieds de devant, très-longs et très-fermes, il a plus de facilité qu'un autre pour ouvrir la terre, y fouiller, y pénétrer, et jetter derriere lui les déblais de son excavation qu'il rend tortueuse, oblique, et qu'il pousse quelquefois fort loin. Le renard qui n'a pas la même facilité pour creuser la terre, profite de ses travaux ; ne pouvant le contraindre par la force, il l'oblige par adresse à quitter son domicile, en l'inquiétant, en faisant sentinelle à l'entrée, en l'infectant même de ses ordures : ensuite, il s'en empare, l'élargit, l'approprie et en fait son terrier. Le blaireau forcé à changer de manoir, ne change pas de pays ; il ne va qu'à quel-

que distance travailler sur nouveaux frais
et pratiquer un autre gîte, dont il ne
sort que la nuit, dont il ne s'écarte
guères, et ou il revient dès qu'il sent
quelque danger. Il n'a que ce moyen de
se mettre en sûreté, car il ne peut échapper par la fuite; il a les jambes trop
courtes pour pouvoir bien courir, les
chiens l'atteignent promptement lorsqu'ils
le surprennent à quelque distance de son
trou. Cependant il est rare qu'ils l'arrêtent
tout-à-fait et qu'ils en viennent à bout,
à moins qu'on ne les aide; il se défend
courageusement et jusqu'à la derniere extrémité, en faisant aux chiens de profondes blessures. Le blaireau se défend en
reculant, éboule la terre, afin d'arrêter
ou d'enterrer les chiens.

Les jeunes blaireaux s'apprivoisent aisément, jouent avec les petits chiens et
suivent comme eux la personne qu'ils connoissent et qui leur donne à manger ;
mais ceux que l'on prend vieux demeurent
toujours sauvages, ils ne sont ni malfaisans, ni gourmands, comme le renard et
le loup; cependant ils sont animaux carnassiers, ils mangent de tout ce qu'on
leur offre, ils préferent la viande crue à
tout le reste. Ils dorment la nuit entiere
et les trois-quarts du jour, sans cependant
être sujets à l'engourdissement pen-

dant l'hiver, comme les marmottes ou les loires. Ils tiennent leur domicile propre, ils n'y font jamais leurs ordures. On trouve rarement le mâle avec la fémelle : lorsqu'elle est prete à mettre bas, elle coupe de l'herbe, en fait une espèce de fagot qu'elle traîne entre ses jambes jusqu'au fond du terrier où elle fait un lit commode pour elle et pour ses petits, lorsqu'ils sont un peu grands, elle leur apporte à manger, elle ne sort que la nuit, va plus loin que dans les autres tems ; elle deterre les nids de guêpes, perce les rabouilleres des lapins, prend les jeunes lapreaux, saisit aussi les mulots, les lésards, les serpens, les sauterelles, les œufs des oiseaux, et porte tout à ses petits qu'elle fait sortir souvent sur le bord du terrier, soit pour les allaiter, soit pour leur donner à manger. Ces animaux craignent le froid.

Il existe à la Louisiane une espèce de blaireau connu sous le nom de *bête puante* qui est très-foible et très-lent dans sa démarche ; mais il a été pourvu par la nature d'une singuliere arme défensive. Lorsqu'on est prêt de l'atteindre en le poursuivant, il lance son urine sur celui qui le poursuit ; elle est d'une odeur si forte et si suffoquante, qu'aucun homme, aucun animal n'ose en approcher, ou l'on est obligé

C 4

de se retirer pour reprendre haleine, ce qui donne le tems à l'animal de s'éloigner par la fuite. Recommence-t-on à le poursuivre, il lâche une seconde dose, et continue ainsi de se défendre en retraite jusqu'à ce qu'il se trouve en sûreté. On trouve le même animal au Cap de bonne-Espérance.

LA LOUTRE.

La loutre est un animal vorace, plus avide de poisson que de chair, qui ne quitte point le bord des rivieres ou des lacs, et qui dépeuple quelquefois les étangs : elle a beaucoup de facilité pour nager, ayant des membranes à tous les pieds; cependant elle n'est point amphibie, car elle a besoin de respirer pour vivre, comme les autres animaux terrestres.

La loutre devient industrieuse avec l'âge, au moins assez pour faire la guerre avec avantage aux poissons, qui pour l'instinct et le sentiment sont très-inférieurs aux autres animaux. Les loutres ne creusent point leur domicile elles-mêmes, elles se gîtent dans le premier trou qui se présente, sous les racines des peupliers, des saules, dans les fentes des rochers et même dans les piles de bois à flotter, elles y font aussi leurs petits sur un lit fait de buchettes et d'herbes. On trouve dans leur gîte des têtes et des arrêtes de poisson ; elles changent souvent de lieu, elles emmenent ou dispersent leurs petits au bout de six semaines ou de deux mois. Quand on veut les priver ils cherchent à mordre, au bout de quelques jours ils deviennent plus doux, ils ne s'accoutument point à la vie domestique et meurent promptement. La loutre est de son naturel sauvage et cruelle : quand elle peut entrer dans un vivier, elle y fait ce que le putois fait dans un poulailler, elle tue beaucoup plus de poisson qu'elle ne peut en manger, et ensuite elle en emporte un dans sa gueule. Lorsqu'elle est attaquée par les chiens, elle les mort cruellement jusqu'à leur briser les os des jambes : on parvient cependant à l'apprivoiser.

LA FOUINE.

La fouine a la phisionomie très-fine ; l'œil vif, le saut léger, les membres souples, le corps fléxible, tous les mouvemens prestes ; elle saute et bondit plutôt qu'elle ne marche, elle grimpe aisément contre les murailles qui ne sont pas bien enduites, entre dans les colombiers, les poullaillers, etc. mange les œufs, les pigeons, les poules, en tue souvent un grand nombre et les porte à ses petits ; elle prend aussi les souris, les rats, les taupes, les oiseaux dans leurs nids. Elle s'apprivoise à un certain point, mais elle ne s'attache pas et demeure toujours assez sauvage pour qu'on soit obligé de la tenir enchaînée. Elle fait la guerre aux chats, elle demande à manger comme le chat et le chien ; l'orsqu'elle ne dort pas elle est dans un mouvement continuel, violent et incommode. Quand les fouines veulent mettre bas, elles s'établissent dans un magasin à foin, dans un trou de muraille ou elles poussent de la paille et des herbes, quelquefois dans une fente de rocher ou dans un tronc d'arbre où elles portent de la mousse, et lorsqu'on les inquiéte, elles déménagent et transportent ailleurs leurs petits.

LA MARTE.

La marte originaire du Nord où elle abonde, est très rare en France. Elle demeure au fond des forêts, ne se cache point dans les rochers, elle parcourt les bois et grimpe au-dessus des arbres, elle vit de chasse et sur-tout d'oiseaux ; lorsqu'on la chasse, elle se laisse suivre longtems par les chiens avant de grimper sur un arbre où elle se perche et les regarde passer. Lorsqu'elle veut mettre bas, elle grimpe au nid d'un écureuil, l'en chasse, en élargit l'ouverture, s'en empare et y fait ses petits, elle se sert aussi des anciens nids des ducs et des buses, et des troncs des vieux arbres dont elle déniche les pics-de-bois et les autres oiseaux. La peau de la marte est brune et jaune, celle de la marte zibeline bien plus précieuse, est noire.

SIXIEME LEÇON.

LE PUTOIS.

LE putois ressemble beaucoup à la fouine par le tempérament, par le naturel, par des habitudes ou les mœurs et aussi par la forme du corps. Comme elle il s'approche des habitations, monte sur les toits, s'établit dans les greniers à foin, dans les granges et dans les lieux peu fréquentés, d'où il ne sort que la nuit pour chercher sa proie. Il se glisse dans les basses-cours, monte aux volieres, aux colombiers, où sans faire autant de bruit que la fouine il fait plus de dégât. Il coupe ou écrase la tête à toutes les volailles, et ensuite il les transporte une à une et en fait magasin ; s'il ne peut les emporter entieres, il leur mange la cervelle et emporte les têtes. Il est aussi fort avide de miel, il attaque les ruches en hiver, et force les abéilles à les abandonner. Les putois qui habitent la campagne en été vivent de chasse, ils s'établissent dans des terriers de lapins, dans des fentes de rochers, dans des troncs d'arbres creux d'où ils ne sortent guères que la nuit pour se répandre dans les champs, dans les bois, ils cherchent les nids des perdrix, des alouettes et des cailles, ils grimpent sur les arbres pour prendre ceux des autres oiseaux, ils épient les rats, les taupes, les mulots, et font une guerre continuelle aux lapins; une seule famille de putois suffit pour détruire une garene.

LE FURET.

Le furet est originaire des climats chauds et ne peut subsister en France que comme animal domestique. Il est naturellement ennemi mortel des lapins, à la chasse desquels on le dresse, il pénétre dans leurs terriers, et si on n'a pas soin de le museler, il leur suce le sang et s'endort ensuite, de maniere qu'on court risque de le perdre. Le furet, quoique facile à apprivoiser, et même assez docile, ne laisse pas d'être fort colere, il a les yeux vifs, le regard enflammé, tous les mouvemens très-souples, et il est en même tems si vigoureux qu'il vient aisément à bout d'un lapin, qui est au moins quatre fois plus gros que lui. Sa femelle qui est très-ardente, dévore quelquefois ses petits presque aussi-tôt qu'elle a mis bas, et alors elle devient de nouveau en chaleur, et elle fait trois portées, lesquelles sont ordinairement de 5 ou 6 et quelquefois de 7, 8 et même 9. Le furet n'a point l'astuce de mœurs des belettes ni même aucune ruse.

LA BELETTE

ET

L'HERMINE ou le ROSELET.

La belette et l'hermine ne s'apprivoisent pas (*a*), elles demeurent toujours très-sauvages dans les cages de fer où l'on est obligé de les garder, elles ne veulent pas manger lorsqu'on les regarde, elles sont dans une agitation continuelle, cherchant toujours à se cacher ; et si on veut les conserver, il faut leur donner un paquet d'étouppe dans lequel elles puissent se fourrer ; elles y traînent tout ce qu'on leur donne, ne mangent guères que la nuit, et laissent pendant deux ou trois jours la viande fraiche se corrompre avant que d'y toucher ; elles passent les trois-quarts du jour à dormir : celles qui sont en liberté attendent la nuit pour chercher leur proie. Lorsqu'une belette peut entrer dans un poullailler, elle n'attaque pas les coqs ou les vielles poules, elle attaque les

(*a*) *Buffon* dans les tomes 3 et 7 de son supplément, cite des lettres de différentes personnes qui disent avoir apprivoisé ces animaux, mais ils conservent toujours leur caractere pétulant, cruel et colérique pour tout autre que leur maître.

poulettes, les petits poussins, les tue par une seule blessure qu'elle leur fait à la tête, et ensuite les emporte tous les uns après les autres ; elle casse aussi les œufs et les suce avec une incroyable avidité. En hiver elle reste dans les granges et dans les greniers, elle fait la guerre aux rats, aux souris. Elle grimpe aux colombiers, prend les pigeons, les moineaux, etc. En été elle se cache dans les buissons pour attraper les oiseaux. Souvent elle s'établit dans le creux d'un vieux saule pour y faire ses petits ; elle leur prépare un lit avec de l'herbe, de la paille, des feuilles, des étoupes. La belette ne marche jamais d'un pas égal, elle ne va qu'en bondissant par petits sauts inégaux et précipités, et lorsqu'elle veut monter sur un arbre, elle fait un bond par lequel elle s'élève tout d'un coup à plusieurs pieds de hauteur ; elle bondit de même lorsqu'elle veut attraper un oiseau.

On distingue aisément l'hermine de la belette commune, parceque l'hermine a toujours le bout de la queue d'un noir foncé, le bord des oreilles et l'extrémité des pieds blancs. C'est un joli petit animal ; il a les yeux vifs, la phisionomie fine, et les mouvemens si prompts, qu'il n'est pas possible de le suivre de l'œil.

L' E C U R E U I L.

L'ecureuil est un joli petit animal qui n'est qu'à demi-sauvage, et qui par sa gentillesse, par sa docilité, par l'innocence même de ses mœurs mériteroit d'être épargné. Il n'est ni carnassier, ni nuisible; sa nourriture ordinaire sont des fruits, des amandes, des noisettes, de la faine, et du gland. Il est propre, leste, vif, très-alerte, très-éveillé, très-industrieux; il a les yeux pleins de feu, la phisionomie fine, le corps nerveux, les membres très-dispos : sa jolie figure est encore rehaussée, parée par une belle queue en forme de panache qu'il releve jusque dessus sa tête et sous laquelle il se met à l'ombre. Il est pour ainsi-dire moins quadrupède que les autres ; il se tient ordinairement assis presque debout, il se sert de ses pieds de devant, comme d'une main, pour porter à sa bouche; au lieu de se cacher sous terre, il est toujours en l'air, il approche des oiseaux par sa légereté, et demeure comme eux sur la cime des arbres, parcourt les forêts en sautant de l'un à l'autre, y fait aussi son nid, cueille les graines, boit la rosée, et ne descend à terre que quand les arbres sont agités par la violence des vents. Il craint l'eau encore plus que la terre, et l'on assure que lorsqu'il faut la passer, il se sert d'une écorce pour vaisseau, et de sa queue pour voile et pour gouvernail. Il ne s'engourdit pas comme le loir pendant l'hiver, il est en tout tems très-éveillé, et pour peu que l'on touche l'arbre sur lequel il repose, il sort de sa petite bauge, fuit sur un autre arbre, ou se cache à l'abri d'une branche. Il ramasse des noisettes pendant l'été, en remplit les troncs, les fentes d'un vieux arbre, et a recours en hiver à sa provision : il les cherche aussi sous la neige qu'il détourne en grattant.

Le domicile de l'écureuil est propre, chaud et impenétrable à la pluie. C'est ordinairement sur l'emfourchure d'un arbre qu'il s'établit : il commence par transporter des buchettes qu'il mêle, qu'il entrelace avec de la mousse, il la serre ensuite, il la foule, et donne assez de capacité et de solidité à son ouvrage, pour y être à l'aise et en sûreté avec ses petits; il n'y a qu'une ouverture par le haut, juste, étroite, et qui suffit à peine pour passer, au-dessus de l'ouverture est une espèce de couvert en cône qui met le tout à l'abri, et fait que la pluie s'écoule par les côtés et ne pénétre pas.

LE RAT

Le rat est assez connu par l'incommodité qu'il nous cause ; il habite ordinairement dans les greniers où l'on entasse les grains, où l'on sert les fruits, et de-là descend et se répand dans la maison. Il est carnacier et même carnivore, il semble seulement préférer les choses dures aux plus tendres, il ronge la laine, les étoffes, les meubles, perce le bois, fait des trous dans les murs, se loge dans l'épaisseur des planchers, dans les vuides de la charpente ou des boiseries, il en sort pour chercher sa subsistance, et souvent il y transporte tout ce qu'il peut traîner, il y fait quelquefois magasin, sur-tout lorsqu'il a des petits. Ces animaux se multiplient tellement, qu'on seroit obligé de déserter let habitations s'ils ne se détruisoient pas enx-mêmes : on sait par expérience qu'ils se tuent, qu'ils se mangent entre-eux pour peu que la faim les presse ; en sorte que quand il y a disette à cause du trop grand nombre, les plus forts se jettent sur les plus foibles, leurs ouvrent la tête, et mangent d'abord la cervelle, et ensuite le dedans du cadavre. Le lendemain la guerre recommence et dure ainsi jusqu'à la destruction du plus grand nombre. Les rats préparent un lit à leurs petits, et leurs apportent bientôt à manger : lorsqu'ils commencent à sortir de leur trou, la mere les veille, les défend et se bat même contre les chats pour les sauver.

LA SOURIS.

La souris a le même instinct, le même tempéramment que le rat, et n'en différe guéres que par la foiblesse et par les habitudes qui l'accompagnent. Timide par nature, familiere par nécessité, la peur et le besoin font tous ses mouvemens, elle ne sort de son trou que pour chercher à vivre ; elle ne s'en écarte guéres, y rentre à la premiere alerte, ne va pas , comme le rat, de maisons en maisons à moins qu'elle n'y soit forcée ; fait aussi moins de dégât, à les mœurs plus douces , et s'apprivoise jusqu'à un certain point , mais sans s'attacher ; comment aimer en effet ceux qui nous tendent des embûches ? Plus foible, elle a plus d'ennemis auxquels elle ne peut échapper ou plutôt se soustraire que par son agilité , sa petitesse même. Ces petits animaux ne sont point laids, ils ont l'air vif et même assez fins. Ils suivent l'homme et fuient les pays inhabités , par l'appétit naturel qu'ils ont pour le pain, le fromage, le lard, l'huile, le beurre, et les autres alimens que l'homme prépare pour lui-même.

LE MULOT.

Le mulot n'habite jamais les maisons, et ne se trouve que dans les champs et dans les bois, où il se retire dans des trous qu'il trouve tout faits, ou qu'il se pratique sous des buissons et des troncs d'arbres; il y amasse une quantité prodigieuse de glands, de noisettes ou de faine, on en trouve jusqu'à un boisseau dans un seul trou; et cette provision au lieu d'être proportionnée à ses besoins, ne l'est qu'à la capacité du lieu. Ces trous sont ordinairement de plus d'un pied sous terre, et souvent partagés en deux loges, l'une où il habite avec ses petits, et l'autre où il fait son magasin. Les mulots font beaucoup de tort aux semis de glands, ils les déterrent l'un après l'autre et n'en laissent pas un. Pour peu que les vivres viennent à leur manquer pendant l'hiver : ils se détruisent eux-mêmes, les gros mangent les petits, ils mangent aussi les campagnols, et même les grives, les merles et les autres oiseaux qu'ils trouvent pris aux lacets, ils commencent par la cervelle et finissent par le reste du cadavre. Le mulot a pour ennemi les loups, les renards, les martes, les oiseaux de proie, et lui-même.

LE RAT-D'EAU.

Le rat-d'eau ressemble beaucoup plus à la loutre qu'au rat, comme elle il ne fréquente que les eaux douces, et on le trouve communément sur les bords des rivieres, des ruisseaux, des etangs; comme elle il ne vit que de poissons, et quelquefois de racines et d'herbes. Il n'a pas comme la loutre des membranes entre les doigts des pieds. Il nage facilement, se tient sous l'eau long-tems et rapporte sa proie pour la manger à terre, sur l'herbe ou dans son trou.

LE CAMPAGNOL.

Le campagnol se trouve par-tout, dans les bois, dans les champs, dans les prés et même dans les jardins; il est remarquable par la grosseur de sa tête, et aussi par sa queue courte et tronquée qui n'a guères qu'un pouce de long; il se pratique un trou en terre où il amasse du grain; des noisettes et du gland, cependant il paroît qu'il préfere le blé à toutes les autres nourritures. Ces animaux font souvent beaucoup de tort dans les terres nouvellement semées, et même dans celles qui sont prêtes à moissonner et dont ils coupent les epis. Les campagnols, comme les rats et les mulots, se détruisent eux-mêmes et se mangent dans les tems de disette, ils servent aussi de pâture aux mulots, et de gibier ordinaire au renard, au chat sauvage, à la marte et aux belettes. Lorsque les fémelles sont prêtes à mettre bas, elles portent des herbes dans leurs trous pour faire un lit à leurs petits.

LE COCHON-DINDE.

Le cochon d'inde est originaire du Brésil et de la Guinée, il ne laisse cependant pas de vivre et de produire dans les climats tempérés et même dans les pays froids, en le soignant et le mettant à l'abri de l'intempérie des saisons. La mere n'allaite ses petits que pendant 12 ou 15 jours, elle les chasse dès qu'elle reprend le mâle ; c'est au plus tard trois semaines après qu'elle met bas, et s'ils s'obstinent à demeurer auprès d'elle, leur pere les maltraite et les tue. Ces animaux sont si productifs qu'avec un seul couple on pourroit en avoir un millier dans un an ; mais ils se détruisent aussi vîte qu'ils pullulent: le froid et l'humidité les font mourir, ils se laissent manger par les chats, sans se défendre, les meres même ne s'irritent pas contre eux ; n'ayant pas le tems de s'attacher à leurs petits, elles ne font aucun effort pour les sauver; les mâles se laissent manger eux-mêmes sans résistance avec leurs petits. Les cochons-d'inde n'ont de sentiment bien distinct que celui de l'amour, ils sont tous susceptibles de colere : ils se battent cruellement, ils se tuent même quelquefois entre eux, lorsqu'il s'agit de se satisfaire et d'avoir la fémelle. Ils passent leur vie à dormir, jouir et manger ; leur sommeil est court mais fréquent, ils mangent à toute heure du jour et de la nuit, et cherchent à jouir aussi souvent qu'ils mangent. Ils ne boivent jamais, et cependant urinent souvent. Le persil est le mêts qu'ils préférent. Ils sont naturellement doux et privés, ils ne font aucun mal, mais ils sont également incapable de bien, ils ne s'attachent point : doux par tempérament, dociles par foiblesse, presqu'insensibles a tout, ils ont l'air d'automates montés pour la propagation, faits seulement pour figurer une espèce.

SEPTIEME LEÇON.

LE HÉRISSON.

L_E renard fait beaucoup de choses, le hérisson n'en fait qu'une grande, disoient proverbialement les anciens, il sait se défendre sans combattre et blesser sans attaquer ; n'ayant que peu de force et de nulle agilité pour fuir, il a reçu de la nature une armure épineuse, avec la facilité de se resserrer en boule et de présenter de tous côtés des armes défensives, poignantes et qui rebutent ses ennemis ; plus ils le tourmentent, plus il se hérisse et se resserre. Il se défend encore par l'effet même de la peur, il lâche son urine, dont l'odeur et l'humidité se répandant sur tout son corps, achevent de les dégoûter. Ces animaux aiment tellement la liberté, qu'une fémelle et ses petits, mis dans un tonneau avec une abondante provision, la mere, au lieu d'allaiter ses petits, les a dévoré les uns après les autres, ce n'étoit pas par le besoin de nourriture, car elle mangeoit de la viande, du pain, du son, des fruits, et l'on n'auroit pas imaginé qu'un animal aussi lent, aussi paresseux auquel il ne manquoit rien que la liberté, fut de si mauvaise humeur, et si fâché

d'être

d'être en prison. Il a même de la malice et de la même sorte que celle du singe. Un hérisson qui s'étoit glissé dans la cuisine découvrit une petite marmite, en tira la viande et y fit ses ordures.

Les hérissons vivent de fruits tombés, ils fouillent la terre avec le nez à une petite profondeur, ils mangent les hannetons, les scarabées, les grillons, les vers et quelques racines : ils sont aussi très-avides de viande, et la mangent cuite ou crue; on dit qu'ils montent sur les arbres, et qu'ils se servent de leurs épines pour emporter des fruits ou des grains de raisins; ils ne bougent pas tant qu'il est jour, mais ils courent ou plutôt ils marchent pendant toute la nuit. Ils dorment pendant l'hiver, ainsi les provisions qu'on dit qu'ils font pendant l'été leur seroient bien inutiles. Ces animaux n'ont pas les moyens d'en attaquer d'autres, ils sont naturellement indolens et même paresseux; leurs uniques et seules occupations sont de manger et dormir ; ils sont moins tranquilles pendant la nuit, ils cherchent les limaçons, les gros scarabées et autres insectes dont ils font leur principale nourriture.

LA MUSARAIGNE.

La musaraigne ressemble à la taupe par le museau, ayant le nez beaucoup plus allongé que les machoires, et par les yeux qui sont cachés comme ceux de la taupe. Ce très-petit animal a une odeur forte qui lui est particulière, et qui répugne aux chats; ils chassent, ils tuent la musaraigne, mais ils ne la mangent pas comme la souris, c'est ce qui a fait croire qu'elle étoit venimeuse; elle ne l'est pas, elle n'est pas même capable de mordre, et la maladie des chevaux qu'on attribue à la morsure de la musaraigne a une cause interne. Pendant l'hiver elle habite les greniers à foin, les écuries, les granges, les cours à fumiers; on la trouve aussi fréquemment à la campagne, dans les bois, où elle vit de graines; elle se cache sous la mousse, sous les feuilles, sous les troncs d'arbres, et quelquefois dans les trous abandonnés par les taupes ou dans d'autres trous qu'elle se pratique elle-même, en fouillant avec les ongles et le museau. On prend aisément la musaraigne, parce qu'elle voit et court mal.

La musaraigne d'eau découverte par le célèbre *Daubenton*, se trouve à la source des fontaines au lever et au coucher du soleil; pendant le jour elle reste cachée dans les fentes des rochers ou dans des trous sous terre le long des petits ruisseaux. Elle est amphibie.

LA TAUPE.

La taupe, sans être aveugle, a les yeux si petits, si couverts qu'elle ne peut faire grand usage du sens de la vue. Elle a beaucoup de force pour le volume de son corps, un embonpoint constant, un attachement vif et réciproque du mâle et de la femelle, de la crainte ou du dégoût pour toute autre société, les douces habitudes du repos et de la solitude, l'art de se mettre en sûreté, de se faire en un instant un asyle, un domicile, la facilité de l'étendre et d'y trouver sans en sortir une abondante subsistance ; voilà sa nature, ses mœurs et ses talens, sans doute préférables, dit *Buffon*, à des qualités plus brillantes et plus incompatibles avec le bonheur, que l'obscurité la plus profonde. Elle ferme l'entrée de sa retraite, n'en sort presque jamais qu'elle n'y soit forcée par l'abondance des pluies d'été, ou lorsque le pied du jardinier en affaisse le dôme. Elle se pratique une voûte en rond dans les prairies, et assez ordinairement un boyau long dans les jardins. Il lui faut une terre douce, fournie de racines suculentes, et sur-tout bien peuplée d'insectes et de vers dont elle fait sa principale nourriture.

Le domicile où les taupes font leurs

petits est conftruit avec une intelligence singuliere ; elles commencent par pouffer, par exhausser la terre et former une voûte assez élevée ; elles laissent des cloisons, des espèces de pilliers de distance en distance, elles pressent et battent la terre, la mêlent avec des racines et des herbes, et la rendent si dure et si folide par-dessous, que l'eau ne peut pénétrer la voûte à cause de sa convexité et de sa solidité ; elles élevent ensuite un tertre par-dessous, au sommet duquel elles apportent de l'herbe et des feuilles pour faire un lit à leurs petits ; dans cette situation, elles se trouvent au-dessus du niveau du terrein, et par conséquent à l'abri des inondations ordinaires, et en même tems à couvert de la pluie par la voûte qui recouvre le tertre sur lequel ils reposent. Ce tertre est percé tout autour de plusieurs trous en pente qui descendent plus bas et s'étendent de tous côtés, comme autant de routes souterraines par où la mere-taupe peut sortir et aller chercher la subsistance nécessaire à ses petits ; ces sentiers souterrains sont fermes et battus, s'étendent à 12 ou 15 pas, et partent tous du domicile comme des rayons d'un centre.

La taupe ne dort point pendant l'hiver, elle cherche alors les endroits les plus chauds ; les jardiniers en prennent souvent autour de leurs couches aux mois de décembre, janvier et février.

LA CHAUVE-SOURIS.

La chauve-souris n'est qu'imparfaitement quadrupède, elle est encore plus imparfaitement oiseau; cependant on la range au nombre des vrais quadrupèdes, elle n'a rien de commun que le vol avec les oiseaux. Elle vit de cousins, de moucherons et sur-tout de phalènes qui ne volent que la nuit; elle les avale pour ainsi dire tout entiers en volant. Si elle peut pénétrer dans un office, elle s'attache aux quartiers de lard suspendus, elle mange aussi de la viande crue ou cuite, fraîche ou corrompue.

LE LOIR.

C'est improprement que l'on dit que les loirs dorment pendant l'hiver, leur état n'est point celui d'un sommeil naturel, c'est une torpeur, un engourdissement des membres, et des sens; et cet engourdissement est produit par le refroidissement du sang, dont la chaleur n'excède guères celle de la température de l'air, de sorte que lorsque cette température est au-dessous de dix dégrés, le loir ainsi que les autres animaux qui comme lui sont censés dormir pendant l'hiver, tombent dans une sorte d'engourdissement qui leur ôte tout mouvement, mais qui n'est pas un vrai sommeil.

Le loir habite les forêts, il grimpe sur les arbres comme l'écureuil, saute de branches en branches; il vit de faine, de noisettes, de châtaignes, etc. il mange aussi des petits oiseaux qu'il prend dans les nids. Il se fait un lit de mousse dans les creux des troncs d'arbres, il se gîte aussi dans les fentes des rochers élevés et toujours dans les lieux secs. Il ne s'apprivoise pas comme l'écureuil, mais il demeure toujours sauvage.

Ces petits animaux sont courageux et défendent leur vie jusqu'à la dernière extrémité, ils mordent violemment. De tous leurs ennemis, ils ne craignent que les chats sauvages et les martes.

LE LÉROT.

Le lérot diffère du loir qui demeure dans les forêts, il habite nos jardins, et se trouve quelquefois dans nos maisons, il se niche dans les trous des murailles, il court sur les arbres en espalier, choisit les meilleurs fruits et les entame tous dans le temps qu'ils commencent à mûrir; ces animaux semblent aimer les pêches de préférence; ils vivent aussi d'amandes, de noisettes, de noix et même de graines légumineuses; ils en transportent en grande quantité dans leurs retraites qu'ils pratiquent en terre; ils se font un lit d'herbe, de mousse et de feuilles. Le froid les engourdit, et la chaleur les ranime. Ils ont la mauvaise odeur du rat domestique, au lieu que le loir ne sent rien.

LE MUSCARDIN.

Le muscardin n'habite jamais dans les maisons, rarement dans les jardins, et se trouve comme le loir, plus souvent dans les bois où il se retire dans les vieux arbres creux : il est presque toujours seul dans son trou. Cet animal s'engourdit aussi par le froid; il s'approvisionne comme le loir de noisettes et d'autres fruits secs; il fait son nid sur les arbres, comme l'écureuil, mais il le place plus bas. Le nid est fait d'herbes entrelacées; dès que leurs petits sont grands, ils abandonnent le nid et cherchent à se gîter dans le creux ou sous le tronc des vieux arbres, et c'est là qu'ils reposent, qu'ils font leurs provisions et qu'ils s'engourdissent.

LE SURMULOT.

Le surmulot ou gros, grand mulot est plus fort et plus méchant que le rat, il produit 12 ou 15 petits, souvent 16, 17, 18 et même jusqu'à 19. Lorsqu'on poursuit les surmulots et qu'on veut les saisir, ils se retournent, et mordent le bâton ou la main qui les frappe, leur morsure est dangereuse et suivie d'enflure. Ils préfèrent le bord des eaux et nagent très-bien, ce qui les rapproche du rat-d'eau. Ils se creusent comme les mulots des retraites sous terre, ou bien ils se gîtent dans celle des lapins. Quoiqu'ils se nourrissent de fruits et de grains, ils sont carnaciers, mangent les lapreaux, les perdreaux; s'ils s'introduisent dans un poulailler, ils égorgent, comme les putois, beaucoup plus de volaille qu'ils ne peuvent en manger. Les mères et les jeunes surmulots quittent la campagne vers le mois d'octobre et vont en troupe dans les granges, où ils font un dégât infini. Les vieux mâles restent à la campagne, chacun habite dans son trou ; ils y font comme les mulots, provision pendant l'automne, de gland, de faine, etc. Ils le remplissent jusqu'au bord et demeurent eux-mêmes au fond du trou. Ils ne s'engourdissent point comme les loirs. Ceux qui vivent dans les granges en chassent les souris et les rats.

LA MARMOTTE.

La marmotte prise jeune s'apprivoise

plus qu'aucun animal sauvage, et presqu'autant que nos animaux domestiques,
elle apprend aisément à saisir un bâton,
à gesticuler, à danser, à obéir en tout à
la voix de son maître, elle est comme le
chat, antipathique avec le chien ; lorsqu'elle commence à être familière dans
la maison, et qu'elle se croit appuyée de
son maître, elle attaque et mord en sa
présence les chiens les plus redoutables
et ses seuls ennemis, car elle ne fait mal
à personne à moins qu'on ne l'irrite. Si
l'on n'y prend pas garde, elle ronge les
meubles, les étoffes, et perce même le
bois, lorsquelle est renfermée. Ses pieds
étant faits à-peu-près comme ceux de l'ours,
elle se tient souvent assise et marche aisément comme lui sur ses pieds de derrière ; elle porte à sa gueule ce qu'elle
saisit avec ceux de devant et mange debout comme l'écureuil. Elle court assez
vîte en montant, mais assez lentement
en plaine ; elle grimpe sur les arbres, elle
monte entre deux parois de rochers, entre
deux murailles voisines, et c'est des marmottes, dit-on, que les savoyards ont appris à grimper pour ramóner les chemi-
nées. Les marmottes mangent de tout ce
qu'on leur donne, de la viande, du pain,
des fruits, des racines, des herbes potagè-
res, des sauterelles, etc. mais elles sont plus

avides de lait et de beurre que de tout autre aliment. Quoique moins enclines que le chat à dérober, elles cherchent à entrer dans les endroits où l'on enferme le lait, et elles le mangent en grande quantité en marmottant, c'est-à-dire en faisant comme les chats une espèce de murmure de contentement. Elles ne boivent que très-rarement de l'eau, et refusent le vin.

La marmotte a la voix et le murmure d'un petit chien lorsqu'elle joue ou quand on la caresse, mais lorsqu'on l'irrite ou qu'on l'effraie, elle fait entendre un sifflet si perçant et si aigu qu'il blesse le tympan. Elle aime la propreté et se met à l'écart comme le chat pour faire ses besoins. Cet animal qui se plaît dans la région de la neige et des glaces, qu'on ne trouve que sur les plus hautes montagnes, est cependant, sujet plus qu'un autre à s'engourdir par le froid. C'est ordinairement en octobre qu'elle se recèle dans sa retraite pour n'en sortir qu'en mars : cette retraite est faite avec précaution et meublée avec art, elle est d'abord d'une grande capacité, moins large que longue et très-profonde, au moyen de quoi elle peut contenir une ou plusieurs marmottes sans que l'air s'y corrompe ; leurs pieds et leurs ongles paroissent être faits pour fouiller la terre, et elles la creusent en effet avec une merveilleuse célérité, elles jettent au dehors, derrière elles, les déblais de leur excavation, ce n'est point un trou, un boyau droit, tortueux, c'est une espece de galerie faite en forme d'Y grec dont les deux branches ont chacune une ouverture et aboutissent toutes deux à un cul-de-sac qui est le lieu du séjour. Comme le tout est pratiqué sur le penchant de la montagne il n'y a que le cul-de-sac qui soit de niveau, la branche inférieure de l'Y grec est en pente au-dessous du cul-de-sac, et c'est dans cette partie la plus basse du domicile, qu'elles font leurs excrémens, dont l'humidité s'écoule aisément au-dehors ; la branche supérieure de l'Y grec est aussi un peu en pente, et plus élevé que tout le reste, c'est par-là qu'elles entrent et qu'elles sortent. Le lieu du séjour est non-seulement jonché mais tapissé fort épais de mousse et de foin, elles en font ample provision pendant l'eté : on assure même que cela se fait à frais ou travaux communs, que les unes coupent les herbes les plus fines, d'autres les ramassent, et que tour à tour elles servent de voitures pour les transporter au gîte ; l'une, dit-on, se couche sur le dos, se laisse charger de foin, etend ses pattes en haut pour servir de ridelles , et ensuite se laisse traîner par les autres qui la tirent par la queue, et prennent garde en même tems que la voiture ne verse. Quoiqu'il en soit de ce fait , il est sûr qu'elles demeurent ensemble et qu'elles travaillent en commun à leur habitation , elles y passent les trois-quarts de leur vie , elles s'y retirent pendant l'orage, pendant la pluie et dès qu'il y a quelque danger ; elles n'en sortent même que dans les plus beaux jours et ne s'en éloignent guères ; l'une fait le guet, assise sur un rocher élevé, tandis que les autres s'amusent à jouer sur le gazon, ou s'occupent à le couper pour en faire du foin ; et lorsque celle qui fait sentinelle apperçoit un homme, un aigle, un chien , etc. elle avertit les autres par un coup de sifflet et ne rentre elle-même que la derniere.

Elles ne font pas de provision pour l'hiver, il semble qu'elles devinent qu'elles seroient inutiles ; mais lorsqu'elles sentent les premieres approches de la saison qui doit les engourdir, elles travaillent à fermer les deux portes de leur domicile , et elles le font avec tant de soin et de solidité, qu'il est plus aisé d'ouvrir la terre partout ailleurs que dans l'endroit qu'elles ont muré. Lorsqu'on découvre leur retraite, on les trouve resserrées en boules et fourrées dans le foin, on les emporte tout engourdies, on peut même les tenir sans qu'elles paroissent le sentir ; on choisit les plus grosses pour les manger, et les plus jeunes pour les apprivoiser. Une chaleur graduée les ranime comme les loirs, et celles qu'on nourrit à la maison, en les tenant dans des lieux chauds, ne s'engourdissent pas et sont même aussi vives que dans les autres tems.

La *marmotte du Cap de bonne-Espérance* est d'un naturel gai et dispos, elle s'apprivoise et elle est susceptible d'attachement, elle reconnoit son maître et répond à sa voix. Ce petit animal est extrêmement propre, au point que les personnes qui l'élevoient l'avoient accoutumé à se servir d'un pot pour y faire ses ordures et y lâcher son urine.

HUITIEME LEÇON.
L'OURS.

ON distingue deux sortes d'ours dont l'un qui est noir n'est point carnassier et vit de graines et de fruits, l'autre qui est brun et qui est commun dans les Alpes est carnacier.

L'ours est non-seulement sauvage, mais solitaire ; il fuit par instinct toute société, il s'éloigne des lieux où les hommes ont accès, il ne se trouve à son aise que dans les endroits qui appartiennent encore à la vieille nature ; une caverne antique dans des rochers innaccessibles, une grotte formée par le tems dans le tronc d'un vieux arbre, au milieu d'une épaisse forêt, lui servent de domicile ; il s'y retire seul, y passe une partie de l'hiver sans provisions, sans en sortir pendant plusieurs semaines. Cependant il n'est point engourdi ni privé de sentiment, comme le loir ou la marmotte ; mais comme il est naturellement gras, et qu'il l'est excessivement sur la fin de l'automne, tems auquel il se recele, cette abondance de graisse lui fait supporter l'abstinence, et il ne sort de sa bauge que lorsqu'il se sent affamé.

Ours blanc
Ours noir
Lion
Lion et lionceaux
Tigre

Panthère
Léopard
Lynx
Hyæne
Fourmilier
Tamanoir

Les mâles des ours bruns dont il s'agit ici dévorent les oursons nouveaux-nés, mais les fémelles semblent les aimer jusqu'à la fureur : elles sont, lorsqu'elles ont mis bas, plus féroces, plus dangereuses que les mâles, elles combattent et s'exposent à tout pour sauver leurs petits qui ne sont point informes en naissant comme l'ont dit les anciens, et qui, lorsqu'ils sont nés, croissent à peu prés aussi vîte que les autres animaux. La mere à le plus grand soin de ses petits, elle leur prépare un lit de mousse et d'herbes dans le fond de sa caverne, et les allaite jusqu'à ce qu'ils puissent sortir avec elle. Le mâle et la fémelle n'habitent point ensemble, ils ont chacun leur retraite séparée et même fort éloignée ; lorsqu'ils ne peuvent trouver une grotte pour se gîter, ils cassent et ramassent du bois pour se faire une loge qu'ils recouvrent d'herbes et de feuilles, au point de la rendre impénétrable à l'eau.

L'ours est très-susceptible de colere, et sa colere tient toujours de la fureur et souvent du caprice : quoiqu'il paroisse doux pour son maître, et même obéissant lorsqu'il est apprivoisé, il faut toujours s'en défier, et le traiter avec circonspection, sur-tout ne le pas frapper au bout du nez ni le toucher aux parties de la génération. On lui apprend à se tenir debout, à gesticuler, à danser; il semble même écouter le son des instrumens, et suivre grossièrement la mesure; mais pour lui donner cette espèce d'éducation, il faut le prendre jeune et le contraindre pendant toute sa vie; l'ours qui a de l'âge ne s'apprivoise ni ne se contraint plus. Il est naturellement intrépide, ou tout au moins indifférent au danger. L'ours sauvage ne se détourne pas de son chemin et ne fuit pas à l'aspect de l'homme; cependant on prétend que par un coup de sifflet on le surprend, on l'étonne au point qu'il s'arrête et se leve sur les pieds de derriere. C'est le tems qu'il faut prendre pour le tirer et tâcher de le tuer, car s'il n'est que blessé, il vient se jetter sur le tireur, et l'embrassant des pattes de devant, il l'étoufferoit, s'il n'étoit secouru.

LE CASTOR

Les ouvrages des castors sont les fruits de la société perfectionnée parmi ces animaux, car il faut observer qu'ils ne songent point à bâtir, à moins qu'ils n'habitent un pays libre et qu'ils n'y soient parfaitement tranquilles. Il y a des castors dans le ci - devant Languedoc, dans les isles du Rhône, il y en a un plus grand nombre dans les provinces du Nord de l'Europe ; mais comme toutes ces contrées sont habitées ou du moins fort fréquentées par les hommes, les castors y sont, comme tous les autres animaux, dispersés, solitaires, fugitifs ou cachés dans un terrier ; on ne les a jamais vus se réunir, se rassembler, ni rien entreprendre, ni rien construire ; au lieu que dans les terres désertes où l'homme en société n'a pénétré que très-tard, et où l'on ne voyoit auparavant que quelques vestiges de l'homme sauvage, on a par-tout trouvé les castors réunis, formant des sociétés, et l'on n'a pu s'empêcher d'admirer leurs ouvrages.

Le castor est un animal assez doux, assez tranquille, assez familier, un peu triste, même un peu plaintif, sans passions violentes, sans appétit véhément, ne se donnant que peu de mouvement, ne faisant d'effort pour quoi que ce soit, cependant occupé sérieusement du désir de sa liberté, rongeant de tems en tems les portes de sa prison, mais sans fureur, sans précipitation, et dans la seule vue d'y faire une ouverture pour en sortir ; au reste assez indifférent, ne s'attachant pas volontiers, ne cherchant point à nuire et assez peu à plaire. Il paroît inférieur au chien pour les qualités relatives qui pourroient l'approcher de l'hom-

Tome I.

me; il ne semble fait ni pour servir ni pour commander, ni même pour commercer avec une autre espèce que la sienne. Son sens renfermé dans lui-même ne se manifeste en entier qu'avec ses semblables ; seul il a peu d'industrie personnelle, encore moins de ruses, pas même assez de défiance pour éviter les piéges grossiers ; loin d'attaquer les autres animaux, il ne sait pas même se bien défendre, il préfère la fuite au combat. Il doit à sa conformation particulière, des avantages uniques qui le rendent supérieur à tous les autres animaux.

On les apprivoise en Amérique au point qu'on les envoie à la pêche et qu'ils rapportent leurs prises à leur maître.

Les castors commencent par s'assembler au mois de juin pour se réunir en société et former une troupe de deux ou trois cents. Le lieu du rendez-vous est ordinairement le lieu de l'établissement, et c'est toujours au bord des eaux. Si ce sont des eaux plates et qui se soutiennent à la même hauteur comme dans un lac, ils se dispensent d'y construire une digue ; mais dans les eaux courantes et qui sont sujettes à hausser ou baisser, comme sur les ruisseaux, les rivières, ils établissent une chaussée, et, par cette retenue, ils forment une espèce d'étang ou de piece-d'eau qui se soutient toujours à la même hauteur. La chaussée traverse la riviere comme une écluse, et va d'un bord à l'autre, elle a souvent 28 ou 34 mètres de longueur sur 3 ou 4 d'epaisseur à sa base. Cette construction paroît énorme pour des animaux de cette taille, et suppose en effet un travail immense ; mais la solidité avec laquelle le travail est construit étonne encore plus que sa grandeur. L'endroit de la riviere où ils établissent cette digue est ordinairement peu profond. S'il se trouve sur le bord un gros arbre qui puisse tomber dans l'eau, ils commencent par l'abattre pour en faire la piece principale de leur construction, cet arbre est souvent plus gros que le corps d'un homme ; ils le scient, ils le rongent au pied sans autre instrument que leurs quatre dents incisives, ils le coupent en assez peu de tems, ils le font tomber du côté qu'il leur plaît, c'est-à-dire en travers sur la riviere ; ensuite ils coupent les branches de la cime de cet arbre tombé, pour le mettre de niveau et le faire porter par-tout également. Ces opérations se font en commun ; plusieurs castors rongent ensemble le pied de l'arbre pour l'abattre, plusieurs aussi vont ensemble pour en couper les branches lorsqu'il est abattu ; d'autres parcourent

en même tems les bords de la riviere,
et coupent de moindres arbres, les uns
gros comme la jambe, les autres comme
la cuisse; ils les dépecent et les scient
à une certaine hauteur pour en faire des
pieux; ils amènent ces pieux de bois d'a-
bord par terre jusqu'au bord de la riviere, et ensuite par eau jusqu'au lieu de leur
construction, ils en font une espèce de
pilotis serré qu'ils enfoncent encore en
entrelaçant des branches entre les pieux.
Cette opération suppose bien des difficul-
tés vaincues. Car pour dresser ces pieux
et les mettre dans une situation perpendiculaire, il faut qu'avec les dents ils
élevent le gros bout contre le bord de
la riviere ou contre l'arbre qui la traverse, que d'autres plongent en même tems
jusqu'au fond de l'eau, pour y creuser
avec les pieds de devant un trou, dans
lequel ils font entrer la pointe du pieu,
afin qu'il puisse se tenir debout. A mesure
que le uns plantent ainsi leurs pieux, les
autres vont chercher de la terre qu'ils gachent avec leurs pieds et battent avec leur
queue; il la portent dans leur gueule et
avec les pieds de devant, et ils en transportent une si grande quantité qu'ils en
remplissent tous les intervalles de leurs
pilotis. Ce pilotis est composé de plusieurs
rangs de pieux, tous égaux en hauteur

et tous plantés les uns contre les autres ; il s'étend d'un bord à l'autre de la riviere, il est rempli et maçonné par-tout. Les pieux sont plantés verticalement du côté de la chûte de l'eau, tout l'ouvrage est au contraire en talus du côté qui en soutient la charge, ensorte que la chaussée qui a 3 ou 4 mètres de largeur à sa base, se réduit à 65 ou 97 centimètres d'épaisseur au sommet ; elle a donc toute l'étendue, toute la solidité nécessaire, mais encore la forme la plus convenable pour retenir l'eau, l'empêcher de passer, en soutenir le poids et en rompre les efforts. Au haut de la chaussée, c'est-à-dire dans la partie où elle a le moins d'épaisseur, ils pratiquent deux ou trois ouvertures en pente, qui sont autant de décharges de superficie, qu'ils élargissent ou retrécissent selon que la riviere vient à hausser ou baisser ; et lorsque par des inondations trop grandes ou trop subites, il se fait quelques breches à leur digue, ils savent les réparer et travaillent de nouveau dès que les eaux son baissées.

Les constructions particulieres des castors consistent en de petites cabanes ou espèces de maisonnettes, baties dans l'eau sur un pilotis placé tout près du bord de leur étang, avec deux issues, l'une pour aller à terre, l'autre pour se jetter à l'eau.

La forme de cet édifice est presque toujours ovale ou ronde ; il y en a de plus grands et de plus petits, depuis un mètre jusqu'à 2 ou 3 mètres de diamètre ? il s'en trouve aussi quelquefois qui sont à deux ou trois étages ; les murailles ont jusqu'à 6 décimètres d'épaisseur, elles sont élevées à plomb sur le pilotis plein qui sert en même tems de fondement et de plancher à la maison. Lorsqu'elle n'est qu'à un étage, les murailles ne s'élevent droites qu'à quelques décimètres de hauteur, au-dessus de laquelle elles prennent la courbure d'une voûte en anse de panier, cette voûte termine l'édifice et lui sert de couvert ; il est maçonné avec solidité et enduit avec propreté en dehors et en dedans ; il est impénétrable à l'eau des pluies, et résiste aux vents les plus impétueux : les parois en sont revêtus d'une espèce de stuc si bien gaché et si proprement appliqué, qu'il semble que la main de l'homme y ait passé ; aussi la queue leur sert-elle de truelle pour appliquer ce mortier qu'ils gachent avec leurs pieds.

C'est dans l'eau et près de leurs habitations qu'ils établissent leurs magasins ; chaque cabane a le sien proportionné au nombre de ses habitants, qui tous y ont un droit commun, et ne vont jamais piller leurs voisins. Cette espèce de république est composée de dix ou douze tribus dont chacune a son quartier, son magasin, son habitation séparée, ils ne souffrent pas que des étrangers viennent s'établir dans leurs enceintes. Les plus petites cabanes contiennent deux, quatre, six, et les plus grandes 18, 20 et même jusqu'à 30 castors, presque toujours en nombre pair, autant de femelles que de mâles ; ainsi leur société est souvent composée de 150 ou 200 ouvriers associés, qui tous ont travaillé en corps pour élever le grand ouvrage public, et ensuite par compagnies pour édifier les habitations particulières.

Quelque nombreuse que soit cette société, la paix s'y maintient sans altération ; le travail commun a resserré leur union ; les commodités qu'ils se sont procurées, l'abondance des vivres qu'ils amassent et consomment ensemble, servent à l'entretenir. Des appétits modérés, des goûts simples, de l'aversion pour la chair et pour le sang, leur ôtent jusqu'à l'idée de rapine et de guerre : ils jouissent de tous les biens que l'homme ne fait que désirer. Amis entre-eux, s'ils ont quelques ennemis au dehors, ils savent les éviter, ils s'avertissent en frappant avec leur queue sur l'eau un coup qui retentit au loin dans toutes les voûtes des habitations ; chacun prend son parti ou de plonger dans le lac ou de se receler dans leurs murs qui ne craignent que le feu du ciel , ou le fer de l'homme , et qu'aucun animal n'ose entreprendre d'ouvrir ou de renverser. Ces azyles sont non-seulement très-sûrs , mais encore très-propres et très-commodes ; le plancher est jonché de verdure. Des rameaux de buis et de sapin leurs servent de tapis sur lequel ils ne font ni ne souffrent jamais aucune ordure ; la fenêtre qui regarde sur l'eau leur sert de balcon , ou pour se tenir au frais et prendre le bain pendant la plus grande partie du jour : il s'y tiennent debout , la tête et les parties antérieures du corps élevées , et toutes les parties postérieures plongées dans l'eau ; cette fenêtre est percée avec précaution , l'ouverture en est assez élevée pour ne pouvoir jamais être fermée par les glaces qui, dans le climat de nos castors, ont quelquefois un mètre d'épaisseur ; ils en abaissent alors la tablette, coupent en pente les pieux sur lesquels elle étoit appuyée et se font une issue jusqu'à l'eau sous la glace. Cet élément liquide leur est si nécessaire , ou plutôt leur fait tant de plaisir : qu'ils semblent ne pas pouvoir s'en passer ; ils vont quelquefois assez loin sous la glace, c'est alors qu'on le prend aisément , en

attaquant

attaquant d'un côté la cabane, et les attendant en même tems à un trou qu'on
pratique dans la glace à quelque distance,
et où ils sont obligés d'arriver pour respirer.

C'est au commencement de l'été que
les castors se rassemblent, ils emploient
les mois de juin et de juillet à construire
leur digue et leurs cabanes; ils font leur
provision d'écorce et de bois dans le mois
de septembre, ensuite ils jouissent de
leurs travaux; ils goûtent les douceurs
domestiques; c'est le tems du repos, c'est
mieux, c'est la saison des amours. Re-
connoissant, prévenant l'un pour l'autre
par l'habitude, par les plaisirs et les peines d'un travail commun, chaque couple
ne se forme point au hasard, ne se joint
point par pure nécessité de nature, mais
s'unit par choix et s'assortit par goût: ils
passent ensemble l'automne et l'hiver;
contens l'un de l'autre, ils ne se quittent
guère; à l'aise dans leur domicile ils
n'en sortent que pour faire des promena-
des agréables et utiles, ils en rapportent
des denrées fraîches qu'ils préferent à
celles qui sont sèches ou trop imbibées
d'eau. Les femelles mettent bas à la fin
de l'hiver, les mâles les quittent à-peu-
près dans ce tems, ils vont à la campagne
jouir des douceurs et des fruits du prin-

tems; ils reviennent de tems en tems à la cabane, mais il n'y séjournent plus; les mères y demeurent occupées à alaiter, à soigner, à élever leurs petits qui sont en état de les suivre au bout de quelques semaines; elles vont, à leur tour se promener, se rétablir à l'air, manger du poisson, des écrevisses, des écorces nouvelles, et passent ainsi l'été sur les eaux, dans les bois. Ils ne se rassemblent qu'en automne, à moins que les inondations n'aient renversé leur digue ou détruit leurs cabanes, car alors ils se réunissent de bonne heure pour en réparer les brèches.

Il y a des lieux qu'ils habitent de préférence, où l'on a vu qu'après avoir détruit plusieurs fois leurs travaux, ils venoient tous les étés pour les réédifier jusqu'à ce qu'enfin lassés de cette persécution et affoiblis par la perte de plusieurs d'entr'eux, ils ont pris le parti de changer de demeure et de se retirer au loin dans les solitudes les plus profondes. C'est principalement en hiver que les chasseurs les cherchent, parceque leur fourrure n'est parfaitement bonne que dans cette saison; et lorsqu'après avoir ruiné leurs établissémens, il arrive qu'ils en prennent un grand nombre, la société trop réduite ne se rétablit point; le petit nombre de ceux qui ont échappé à la mort ou à la captivité se disperse, ils deviennent fuyards, leur génie flétri par la crainte ne s'épanouit plus, ils s'enfouissent eux et tous leurs talents dans un terrier, ou rabaissés à la condition des autres animaux, ils mênent une vie timide, ne s'occupent plus que des besoins pressans, n'exercent que leurs facultés individuelles, et perdent sans retour les qualités sociales que nous venons d'admirer.

Les voyageurs s'accordent à dire qu'outre les castors qui sont en société, on rencontre par-tout dans le même climat des castors solitaires, lesquels rejettés, disent-ils, de la société pour leurs défauts, ne participent à aucun de ses avantages, n'ont ni maison, ni magasin, et demeurent comme le blaireau dans un boyau sous terre. Ils habitent comme les autres assez volontiers sur le bord des eaux, où quelques-uns mêmes creusent un fossé de quelques décimètres de profondeur pour former un petit étang qui arrive jusqu'à leur terrier, qui s'étend quelquefois à plus de 34 mètres en longueur, et va toujours en s'élevant afin qu'ils aient la facilité de se retirer en haut à mesure que l'eau s'éleve dans les inondations; mais il s'en trouve aussi de ces castors solitaires, qui habitent assez loin des eaux dans les terres.

E 2

Le castor privé et qui ne connoit pas l'eau refuse d'y entrer, mais lorsqu'on l'y retient par force, il s'y trouve si bien au bout de quelques minutes qu'il ne cherche point à en sortir, et l'orsqu'on le laisse libre, il y retourne très souvent de lui-même, il se vautre aussi dans la boue et sur le pavé mouillé. Il est familier sans être caressant, il demande à manger à ceux qui sont à table, ses instances sont un petit cri plaintif et quelques gestes de la main. Dès qu'on lui donne un morceau, il l'emporte et se cache pour le manger à son aise; il dort assez souvent et se repose sur le ventre. Il mange de tout à l'exception de la viande qu'il refuse constamment cuite ou crue : il ronge tout ce qu'il trouve, les étoffes, les meubles, le bois.

Le castor a un ennemi connu sous le nom de *carcajou*, qui rampe plutôt qu'il ne marche, c'est le moins agile de tous les animaux carnaciers, il est étonnant que le castor devienne sa proie ainsi que l'*orignac* qui est une espèce d'élan. Lorsque le carcajou fait la chasse à celui-ci, il cherche un canton de savanes épaisses et de bois puant, dont il sait que cet animal se nourrit dans la saison des neiges, il se met à l'affut sur un des arbres contre lesquels l'orignac a coutume de se

frotter, et quand celui-ci y vient, il se
jette sur lui, le saisit à la gorge et la coupe
en un moment, malgré les bonds et les
efforts de l'orignac. Le carcajou est plein
de ruse, il rompt les attaches qu'on lui
tend, détend les pieges, coupe la corde
des fusils qu'on prépare pour le tuer,
après quoi il mange tranquillemenr les
appas dont on s'étoit servi pour l'attirer.

NEUVIEME LEÇON.

LE RATON.

LE raton a la forme d'un petit blaireau, sa tête ressemble à celle du renard, mais ses oreilles sont rondes et beaucoup plus courtes. Il se sert de ses pieds de devant pour porter à sa gueule. Il est fort agile, il grimpe aisément sur les arbres, monte légerement jusqu'au-dessus de la tige, et court jusqu'à l'extrémité des branches, il va toujours par sauts, il gambade plutôt qu'il ne marche, et ses mouvemens, quoiqu'obliques, sont tous prompts et légers. Il habite les climats chauds de l'Amérique, dans les montagnes, d'où il descend pour manger des cannes à sucre. Celui que *Buffon* a nourri détrempoit tout ce qu'il vouloit manger, il ne prenoit de nourriture seche que lorsqu'il étoit pressé par la faim : il furetoit par-tout, mangeoit aussi de tout, de la chair crue ou cuite, du poisson, des œufs, des volailles vivantes, des graines, des racines, etc. il mangeoit encore de toutes sortes d'insectes, il cherchoit les araignées, il prenoit des limaçons, des hannetons, des vers. Il aimoit le sucre, le lait et les autres nourritures douces par-dessus toutes choses, il se retiroit au loin pour faire ses besoins. Il étoit familier et même caressant, sautant sur les gens qu'il aimoit, jouant volontiers et d'assez bonne grace, leste, agile, toujours en mouvement. Cet animal est singulierement sensible aux mauvais traitemens et ne les oublie pas. S'il est attaqué par un animal qu'il croit plus fort que lui, il forme une boule de son corps, aucune plainte ne lui échappe, dans cette position il souffriroit la mort. Il n'aime pas les enfans, il est toujours prêt à s'élancer sur eux. Les cris de quelque part qu'ils viennent lui sont insupportables. Il participe un peu des qualités du chien, quoiqu'il paroisse tenir de la nature du maki, espèce de singe.

LE COATI.

Le coati a quelque ressemblance avec le blaireau ; mais il en diffère par son museau dont la machoire supérieure est terminée par une espèce de grouin mobile fort allongé. Cet animal ne se trouve que dans les climats méridionaux de l'Amérique il se tient aisément debout sur ses pieds de-derriere comme l'ours. Il est sujet à manger une partie de sa queue, comme les singes, les makis et autres animaux à longue queue. C'est un animal de proie qui se nourrit de chair et de sang, qui comme le renard ou la fouine, egorge les petits animaux, les volailles, mange les œufs, cherche les nids d'oiseaux. Il est assez familier, mais il est très opiniâtre pour ne rien faire contre son gré; il craint le frottement d'une brosse de soie de cochon. Il dort depuis minuit jusqu'à midi, il veille le reste du jour et se promene régulierement depuis six heures du soir jusqu'à minuit, quelque tems qu'il fasse. Ce tems est apparemment favorable à sa chasse.

L'AGOUTI.

Cet animal est de la grosseur d'un lievre, on l'a regardé comme une espece de lapin ou de gros rat; mais il en differe essentiellement par les habitudes naturelles; il a plutôt quelque ressemblance avec le cochon dont il imite le grognement, et avec le renard, ayant l'habitude de cacher comme lui en différens endroits, ce qui lui reste d'alimens, pour le trouver au besoin; il se plaît à faire du dégât, à couper, à ronger tout ce qu'il trouve. Lorsqu'on l'irrite, son poil se hérisse sur la croupe, et il frappe fortement la terre de ses pieds de derriere, il mord cruellement; il habite ordinairement le creux des arbres et dans les souches pourries; il se nourrit de fruits, de patates, de

manioc, ainsi que de feuilles et de racines. Comme l'écureuil, il se sert de ses
pieds de devant pour saisir et porter à sa
gueule. Lorsqu'on le pipe, il s'arrête pour
écouter. Pris jeune il s'apprivoise aisément,
il reste à la maison, en sort seul et revient de lui-même. L'agouti est particulier à l'amérique méridionale.

LE LION.

Le lion est d'autant plus courageux et
d'autant plus féroce, qu'il habite des pays
plus chauds, ses qualités naturelles semblent tenir de l'ardeur du climat. Les
lions d'Amérique, s'ils méritent ce nom,
sont comme le climat infiniment plus
doux que ceux d'Afrique ; ceux-ci sont
bien plus féroces dans les pays déserts et
dans lesquels l'homme pénètre rarement,
que dans ceux qui sont plus habités ; le
lion ne tient pas contre l'adresse d'un hot-
tentot ou d'un negre qui souvent ose l'attaquer tête à tête avec des armés assez lé-
gères ; mais dans les terres inhabitées,
les lions sont tels que la nature les produit ; accoutumés à mesurer leurs forces
avec tous les animaux qu'ils rencontrent,
l'habitude de vaincre les rend intrépides
et terribles. Ne connoissant pas la puissance de l'homme, ils n'en ont nulle
crainte, n'ayant pas éprouvé la force de

ses armes, ils semblent les braver, les blessures les irritent, mais sans les effrayer; ils ne sont pas même déconcertés à l'aspect du grand nombre, un seul de ces lions du désert attaque une caravane entiere; et l'orsqu'après un combat opiniâtre et violent il se sent affoibli, au lieu de fuir, il continue de se battre en retraite, en faisant toujours face et sans jamais tourner le dos. Les lions au contraire qui habitent aux environs des villes et des bourgades de l'Inde et de la Barbarie, ayant connu l'homme et la force de ses armes, ont perdu leurs courage au point d'obéir à sa voix menaçante, de n'oser l'attaquer, de ne se jetter que sur le menu bétail, et enfin de s'enfuir en se laissant poursuivre par des femmes ou par des enfans qui leur font à coups de bâton quitter prise et lâcher indignement leur proie.

Ce changement, cet adoucissement, dans le naturel du lion, indique assez qu'il est susceptible des impressions qu'on lui donne, et qu'il doit avoir assez de docilité pour s'apprivoiser jusqu'à un certain point, et recevoir une espèce d'éducation : aussi l'histoire nous parle de lions attelés à des chars de triomphe, de lions conduits à la guerre ou menés à la chasse, et qui fideles à leur maître, ne déployoient leur force et leur courage que contre ses ennemis. Ce qu'il y a de très sûr, c'est que le lion pris jeune et élevé parmi les animaux domestiques, s'accoutume aisément à vivre et même à jouer innocemment avec eux.

Tout Paris a vû la bonne intelligence qui régnoit entre le lion de la Ménagérie du Muséum d'Hist. natur. et le chien qu'on lui avoit donné pour compagnon, et les marques de tristesse qu'il fit paroître lorsqu'il l'eut fait périr sans mauvaise intention; il ne tarda pas à accorder ses faveurs à un autre chien qu'on lui donna. Il est certain aussi qu'il est doux pour ses maîtres, sur-tout dans le premier âge, et que si sa férocité reparoit quelquefois, il la tourne rarement contre ceux qui lui ont fait du bien. Comme ses mouvemens sont très impétueux et ses appétits fort véhémens, on ne doit pas présumer que les impressions de l'éducation puissent toujours les balancer, aussi y auroit-il du danger à lui laisser souffrir trop long-tems la faim, ou à le tourmenter en le contrariant hors de propos; non-seulement il s'irrite des mauvais traitemens, mais il en garde le souvenir et paroit en méditer la vengeance, comme il conserve aussi la mémoire et la reconnoissance des bienfaits. La colere du lion est noble, son courage magnanime, son naturel sensible. On l'a souvent vû dédaigner de petits ennemis, mépriser leurs insultes, et leur pardonner des libertés offensantes, on l'a vu réduit en captivité, s'ennuyer sans s'aigrir, prendre au contraire des habitudes douces, obéir à son maitre, flatter la main qui le nourrit, donner quelquefois la vie aux animaux qu'on avoit dévoué à la mort en les lui jettant pour proie, et comme s'il se fut attaché par cet acte généreux, leur continuer ensuite la même protection, vivre tranquillement avec eux, leur faire part de sa subsistance, se la laisser même quelquefois enlever toute entiere, et souffrir plutôt la faim que de perdre le fruit de son premier bienfait. On pourroit dire aussi que le lion n'est pas cruel, puisqu'il ne l'est que par nécessité, qu'il ne détruit qu'autant qu'il consomme, et que dès qu'il est repu, il est en pleine paix, tandis que le tigre, le loup et tant d'autres animaux d'espèce inférieure, tels que le renard, la fouine, le putois, le furet, etc. donnent la mort pour le seul plaisir de la donner; et que dans leurs massacres nombreux ils semblent plutôt vouloir assouvir leur rage que leur faim.

L'extérieur du lion ne dément point ses grandes qualités intérieures; il a la figure imposante, le regard assuré, la démarche fiere, la voix terrible. Sa force musculaire est telle qu'il est capable de faire des sauts et des bonds prodigieux ; le mouvement brusque de sa queue est assez fort pour terrasser un homme, il a la facilité de faire mouvoir la peau de sa face et surtout celle de son front, ce qui ajoûte beaucoup à la phisionomie ou plutôt à l'expression de la fureur ; il remue aussi sa criniere, laquelle non-seulement se hérisse, mais se meut et s'agite en tout sens lorsqu'il est en colere.

Dans ces animaux toutes les passions, celle de l'amour, ainsi que les passions les plus douces sont excessives, et l'amour maternel est extrême. La lionne naturellement moins forte, moins courageuse et plus tranquille que le lion, devient terrible dès qu'elle a des petits : elle se montre alors avec encore plus de hardiesse que le lion, elle ne connoit point le danger ; elle se jette indifféremment sur les hommes et sur les animaux qu'elle rencontre, elle les met à mort, se charge ensuite de sa proie, la porte et la partage à ses lionceaux, auxquels elle apprend de bonne heure à sucer le sang et a déchirer la chair. D'ordinaire elle met bas dans des lieux écartés et d'un difficile accès, et lorsqu'elle craint d'être découverte, elle cache ses traces en retournant plusieurs fois sur ses pas, ou bien elle les efface avec sa queue ; quelquefois même, lorsque l'inquiétude est grande, elle transporte ailleurs ses petits, et quand on veut les lui enlever, elle devient furieuse, et les défend jusqu'à la derniere extrémité.

LE TIGRE.

Dans la classe des animaux carnaciers, le lion est le premier, le tigre est le second ; et comme le premier, même dans un mauvais genre, est toujours la plus grand et souvent le meilleur, le second est ordinairement le plus méchant de tous. A la fierté, au courage, à la force, le lion joint la noblesse, la clémence, la magnanimité, tandis que le tigre est bassement féroce, cruel sans justice, c'est-à dire sans nécessité. Il en est de même dans tout ordre de choses où les rangs sont donnés par la force, le premier qui peut tout est moins tyran que l'autre qui ne pouvant jouir de la puissance pléniere, s'en venge en abusant du pouvoir qu'il a pû s'arroger. Aussi le tigre est-il plus à craindre que le lion : celui-ci souvent oublie qu'il est le roi, c'est-à-dire le plus fort de tous les animaux ; marchant d'un pas tranquille il n'attaque jamais l'homme, à moins qu'il ne soit provoqué ; il ne précipite ses pas, il ne court, il ne chasse que quand la faim le presse. Le tigre au contraire quoique rassasié de chair, semble toujours être altéré de sang; sa fureur n'a d'autres intervalles que ceux du tems qu'il faut pour dresser des embûches; il saisit et déchire une nouvelle proie avec la même rage qu'il vient d'exercer, et non pas d'assouvir, en dévorant la premiere; il désole le pays qu'il habite, il ne craint ni l'aspect ni les armes de l'homme; il egorge, il dévaste les troupeaux d'animaux domestiques; met à mort toutes les bêtes sauvages, attaque les petits éléphans, les jeunes rhinocéros, et quelquefois même ose braver le lion.

La forme du corps est ordinairement d'accord avec le naturel. Le lion a l'air noble, la hauteur de ses jambes est proportionnée à la longueur de son corps, l'épaisse et longue criniere qui couvre ses épaules et ombrage sa face, son regard assuré, sa démarche grave, tout semble annoncer sa fiere et majestueuse intrépidité. Le tigre trop long de corps, trop bas sur ses jambes, la tête nue, les yeux hagards, la langue couleur de sang, toujours hors de la gueule, n'a que les caracteres de la basse méchanceté et de l'insatiable cruauté; il n'a pour tout instinct qu'une rage constante, une fureur aveugle qui ne connoit, qui ne distingue rien, et qui lui fait souvent dévorer ses propres enfans, et déchirer leur mère lorsqu'elle veut les défendre. Que ne l'eut-il à l'excès cette soif de son sang ! Ne pût-il l'éteindre qu'en détruisant dès leur naissance, la race entiere des monstres qu'il produit ! Heureusement pour le reste de la nature, l'espèce n'en est pas nombreuse, et paroit confinée aux climats les plus chauds de l'Inde oriental. Le tigre est si fort que quand il a mis à mort quelque gros animal, comme un cheval, un bufle, il ne les éventre pas sur la place, s'il craint d'y être inquiété ; pour les dépecer à son aise, il les emporte dans les bois, en les traînant avec tant de légereté, que la vîtesse de sa course paroit à peine rallentie par la masse énorme qu'il entraîne.

Le tigre est peut-être le seul de tous les animaux dont on ne puisse fléchir le naturel : ni la force, ni la contrainte, ni la violence ne peuvent le dompter. Il s'irrite des bons comme des mauvais traitemens ; la douce habitude qui peut tout, ne peut rien sur cette nature de fer ; le tems loin de l'amollir, en tempérant les humeurs féroces, ne fait qu'aigrir le fiel de sa rage ; il déchire la main qui le nourrit comme celle qui le frappe ; il rugit à la vue de tout être vivant ; chaque objet lui paroit une nouvelle proie, qu'il dévore d'avance de ses regards avides, qu'il menace par des frémissemens affreux mêlés d'un grincement de dents, et vers lequel il s'élance souvent, malgré les chaînes et les grilles qui brisent sa fureur sans pouvoir la calmer.

La tigresse produit comme la lionne 4 ou 5 petits; elle est furieuse en tout tems, mais sa rage devient extrême lorsqu'on les lui ravit, elle brave tous les périls, elle suit les ravisseurs, qui se trouvant pressés, sont obligés de lui relâcher un de ses petits, elle s'arrête, le saisit, l'emporte pour le mettre à l'abri, revient quelques instans après et les poursuit jusqu'aux portes des villes ou jusqu'à leurs vaisseaux; et lorsqu'elle a perdu tout espoir de recouvrer sa perte, des cris forcenés et lugubres, des hurlemens affreux expriment sa douleur cruelle, et font encore frémir ceux qui les entendent de loin.

DIXIEME LEÇON.
LA PANTHÈRE,
L'ONCE et le LÉOPARD.

LA panthère a l'air féroce, l'œil inquiet, le regard cruel, les mouvemens brusques, et le cri semblable à celui d'un dogue en colere.

L'once que l'on avait confondu avec la panthère, et qui en differe assez pour faire une espece à part, s'apprivoise aisément, on le dresse à la chasse, on s'en sert à cet usage en Perse et dans plusieurs autres provinces de l'Asie. Il y a des onces assez petits pour qu'un cavalier puisse les porter en croupe ; ils sont assez doux pour se laisser manier et caresser. La panthère paroit être d'un naturel plus fier et moins flexible ; on la dompte plutôt qu'on ne l'apprivoise, jamais elle ne perd en entier son caractere féroce, et lorsqu'on veut s'en servir pour la chasse, il faut beaucoup de soin pour la dresser, et encore plus de précaution pour la conduire et l'exercer. On la mene sur une charette enfermée dans une cage, dont on lui ouvre la porte lorsque le gibier paroit ; elle s'élance vers la bête, l'atteint ordinairement en trois ou quatre sauts, la terrasse et l'étrangle : mais si elle manque son coup ; elle devient furieuse et se jette quelquefois sur son maître, qui d'ordinaire prévient ce danger en portant avec lui des morceaux de viandes, ou des animaux vivans, comme des agneaux, des chevreaux, dont il lui en jette un pour calmer sa fureur.

Le léopard à les mêmes mœurs et le même naturel que la panthère. Il ne paroit pas qu'on l'ait apprivoisé comme l'once ni qu'on s'en soit jamais servi pour la chasse.

Ces trois animaux ont une antipathie particuliere pour le chien. Ils se plaisent dans les forêts touffues, et fréquentent souvent le bord des fleuves et les environs des habitations isolées où ils cherchent à surprendre les animaux domestiques et les bêtes sauvages qui viennent chercher les eaux. Ils se jettent rarement sur les hommes, quand même ils seroient provoqués ; ils grimpent aisément sur les arbres, où ils suivent les chats sauvages et les autres animaux qui ne peuvent leur échapper.

LE JAGUAR.

Le jaguar ressemble à l'once par la grandeur du corps, par la forme de la plupart des tâches dont sa robe est sémée, et même par le naturel, il est moins fier et moins féroce que le léopard et la panthère. Il vit de proie comme le tigre, il se jette sur tous les chiens qu'il rencontre; il fait beaucoup de dégât dans les troupeaux, il est même dangereux pour les hommes.

LE COUGUAR.

Le couguar a la taille aussi longue, mais moins etoffée que le jaguar; quoique plus foible que celui-ci, il est aussi féroce et peut-être plus cruel que le jaguar; il paroit encore plus acharné sur sa proie, il la dévore sans la dépecer; dès qu'il l'a saisie, il l'entame, la suce, la mange de suite et ne la quitte pas qu'il ne soit pleinement rassasié. Le couguar est paresseux et poltron dès qu'il est rassasié, il n'attaque presque jamais les hommes à moins qu'il ne les trouve endormis. Lorsqu'on veut passer les nuits ou s'arrêter dans les bois, il suffit d'allumer du feu pour les empêcher d'approcher. Ils se plaisent à l'ombre dans les grandes forêts; ils se cachent dans un fort ou même sur un arbre touffu, d'où ils s'élancent sur les animaux qui passent, sur-tout lorsqu'ils sont affamés. Ils sont tous nageurs, et ils font la guerre aux caimans, aux lézards et aux poissons. Le couguar réduit en captivité est presque aussi doux que les animaux domestiques

LE CHAT-TIGRE

DE CAYENNE.

Cet animal détruit beaucoup de gibier, il est fort leste pour grimper sur les arbres où il se tient caché. Il ne court pas vîte et toujours en sautant. Son air, sa marche, sa maniere de se coucher ressemblent parfaitement à celle du chat.

LE LYNX.

OU LOUP-CERVIER.

Cet animal habite les climats froids plus volontiers que les pays tempérés. On a débité beaucoup de chose sur la vue perçante du lynx, sur la propriété qu'avoit son urine de devenir un corps solide, une pierre précieuse appellée *lapis lyncurius*; ce qu'il y a de vrai, c'est qu'il a les yeux brillans, le regard doux, l'air agréable et gai; il recouvre de terre ses excrémens comme font les chats auxquels il ressemble beaucoup, et dont il a les mœurs et même la propreté. Il n'a rien du loup qu'une espèce d'hurlement qui se faisant entendre de très-loin, a dû tromper les chasseurs et leur faire croire qu'ils entendoient un loup. Cela seul a peut-être suffi pour lui faire donner le nom de *loup*, auquel pour le distinguer du vrai loup, les chasseurs auront ajoûté l'épithete de *cervier*; parce qu'il attaque les cerfs, ou plutôt parce que sa peau est variée de taches à peu-prés comme celles des jeunes cerfs, lorsqu'ils ont la livrée. Le lynx vit de chasse et poursuit son gibier jusqu'à la cime des arbres, les chats sauvages, les hermines, les écureuils ne peuvent lui échapper; il saisit aussi les oiseaux, il attend les cerfs, les chevreuils, les lievres au passage, et s'il court dessus, il les prend à la gorge, et lorsqu'il s'est rendu maître de sa victime, il en suce le sang, et lui ouvre la tête pour manger la cervelle, après-quoi souvent il l'abandonne pour en chercher une autre, rarement il retourne à la premiere proie, et c'est ce qui a fait dire que de tous les animaux, le lynx étoit celui qui avoit le moins de mémoire.

LE CARACAL.

Le caracal ressemble au lynx, mais il habite les pays les plus chauds, il a la mine moins douce, et le naturel plus féroce, il vit de proie, et il n'a que ce que le lion, le tigre, la panthère lui laissent, et souvent il est forcé à se contenter de leur reste : il s'éloigne de la panthère, parcequ'elle exerce ses cruautés lors même qu'elle est pleinement rassasiée ; mais il suit le lion qui, dès qu'il est repû, ne fait de mal à personne ; le caracal profite des débris de sa table, et quelquefois même il l'accompagne d'assez près, parce que grimpant légérement sur les arbres, il ne craint pas la colere du lion qui ne pourroit l'y suivre comme fait la panthère. C'est par toutes ces raisons qu'on a dit du caracal, qu'il étoit le guide et le pourvoyeur du lion, que celui-ci dont l'odorat n'est pas fin, s'en servoit pour éventer de loin les autres animaux dont il partageoit ensuite avec lui la dépouille. Le caracal ne s'apprivoise que très-difficilement, cependant lorsqu'il est pris jeune et ensuite élevé avec soin, on peut le dresser à la chasse qu'il aime naturellement et à laquelle il réussit très-bien, pourvu qu'on ait l'attention de ne le jamais lâcher que contre des animaux qui lui soient inférieurs et qui ne puissent lui résister, autrement il se rebute et refuse le service dès qu'il y a du danger. On s'en sert aux Indes pour prendre les lievres, les lapins et même les grands oiseaux qu'il surprend avec une adresse singuliere.

L' H Y Œ N E.

Cet animal sauvage et solitaire demeure

dans les cavernes des montagnes ; dans les fentes des rochers ou dans des tanieres qu'il se creuse lui-même sous terre ; il est d'un naturel féroce, il vit de proie comme le loup, mais il est plus fort et paroit plus hardi, il attaque quelquefois les hommes, il se jette sur le bétail, suit de près les troupeaux et souvent rompt pendant la nuit les portes des étables et les clotures des bergeries : ses yeux brillent dans l'obscurité, et l'on prétend qu'il voit mieux la nuit que le jour. Si l'on en croit tous les Naturalistes, son cri ressemble aux sanglots d'un homme qui vomiroit avec effort, ou plutôt au mugissement du veau, comme le dit *Kœmpfer* témoin auriculaire.

L'hyœne se défend du lion, ne craint pas la panthère, attaque l'once, laquelle ne peut lui résister ; lorsque la proie lui manque, elle creuse la terre avec les pieds et en tire par lambeaux les cadavres des animaux et des hommes dans les pays qu'elle habite, savoir les climats chauds d'Afrique et d'Asie où on enterre également dans les champs.

Cet animal pris jeune est susceptible d'une certaine éducation. On a vû une hyœne à Paris en 1773 qui jouoit avec son maître, il lui mettoit la main dans la gueule sans en rien craindre.

LA

LA CIVETTE
ET LE ZIBET.

La civette et le zibet sont deux animaux d'espèces différentes quoiqu'ils se ressemblent par la matiere odorante qu'ils fournissent l'un et l'autre. Ils sont originaires des climats les plus chauds de l'Afrique et de l'Asie, cependant ils peuvent vivre dans les pays tempérés et même froids, pourvu qu'on les défende avec soin des injures de l'air, et qu'on leur donne des alimens succulens et choisis. On en nourrit en assez grand nombre en Hollande où l'on fait commerce de leur parfum.

Les civettes sont naturellement farouches et même un peu féroces, cependant on les apprivoise aisément, au moins pour les approcher et les manier sans grand danger ; elles sont agiles et même légeres quoique leur corps soit assez épais, elles sautent comme les chats et peuvent aussi courir comme les chiens, elles vivent de chasse , surprennent et poursuivent les petits animaux, les oiseaux ; elles cherchent comme les renards à entrer dans les basses-cours pour emporter les volailles ; leurs yeux brillent la nuit, et il est à croire qu'elles voient dans l'obscurité. Lorsque les animaux leurs manquent,

Tome I. F

elles mangent des racines et des fruits; elles boivent peu et n'habitent pas les terres humides, elles se tiennent volontiers dans les sables brulans et dans les montagnes arides. Elles ont la voix plus forte et la langue moins rude que le chat, leur cri ressemble assez à celui d'un chien en colere.

LA GENETTE.

La genette porte ainsi que les civettes une ouverture ou sac dans lequel filtre une espece de parfum, mais foible et dont l'odeur ne se conserve pas; elle est un peu plus grande que la fouine qui lui ressemble beaucoup par la forme du corps aussi bien que par le naturel et les habitudes; seulement il paroit qu'on apprivoise la genette plus aisément. *Bellon* dit en avoir vû dans les maisons de Constantinople qui étoient aussi privées que des chats, et qu'on laissoit courir et aller partout, sans qu'elles fissent ni mal ni dégât. Elles n'ont de commun avec les chats que l'art d'épier et de prendre les souris. La genette n'habite que les endroits humides et le long des ruisseaux, elle ne fréquente ni les montagnes ni les terres arides. On ne la trouve guères qu'en Espagne et dans la Turquie, ainsi que dans les départemens méridionaux de la France.

L' O N D A T R A
E T L E D E S M A N.

L'ondatra et le desman ou rats musqués ne doivent pas être confondus, le premier habite le Canada et le second la Lapponie et la Moscovie. L'ondatra est de la grosseur d'un petit lapin et il a la forme d'un rat ; il habite sur les eaux, comme le castor et vit en société pendant l'hiver. Les ondatra font des petites cabanes d'environ 80 centimètres de diametre et quelquefois plus grandes, ou ils se réunissent plusieurs familles ensemble ; ce n'est point comme les marmottes pour y dormir pendant cinq ou six mois, c'est seulement pour se mettre à l'abri de la rigueur de l'air ; les cabanes sont rondes et couvertes d'un dôme de 32 centimètres d'épaisseur ; des herbes, des joncs entrelacés et mêlés avec de la terre grasse qu'ils pétrissent avec les pieds sont leur matériaux. Leur construction est impénétrable à l'eau du ciel, et ils pratiquent des gradins en dedans pour n'être pas gagnés par l'inondation de celle de la terre ; cette cabane qui leur sert de retraite, est couverte pendant l'hiver de plusieurs décimètres de glace et de neige sans qu'ils en soient incommodés. Ils ne font pas de provisions pour vivre comme les castors, mais ils creusent des puits et des especes de boyaux au-dessous et alentour de leur demeure pour chercher de l'eau et des racines. Ils ont dans certains tems une odeur de musc fort pénétrante.

Ces animaux sont peu farouches, et en les prenant petits on peut les apprivoiser aisément; ils sont même très-jolis lorsqu'ils sont jeunes; ils jouent innocemment et aussi lestement que des petits chats, ils ne mordent point, et on les nourriroit aisément si leur odeur n'étoit point si incommode.

Le desman ou rat musqué de Moscovie n'a pas été étudié par les naturalistes, on ne sait rien de ses mœurs ni de son industrie.

LE PÉCARI
OU LE TAJACU.

Le pécari, animal du nouveau monde, ressemble au premier coup-d'œil a notre sanglier ou plutôt au cochon de siam, il a sur le dos près de la croupe une fente de 5 ou 10 millimètres de largeur qui pénetre à près de 3 centimètres de profondeur, par laqu'elle suinte une humeur ichoreuse fort abondante et d'une odeur très-désagréable.

Cet animal pourroit devenir animal domestique comme le cochon, il est à peu-près du même naturel, il se nourrit des mêmes alimens. Les pécaris sont très-nombreux dans les climats chauds de l'Amérique méridionale, ils vont ordinairement par troupes et sont quelquefois 2 ou 300 ensemble ; ils ont le même instinct que les cochons pour se défendre, et même pour attaquer ceux sur-tout qui veulent ravir leurs petits, ils se secourent mutuellement, ils enveloppent leurs ennemis, et blessent souvent les chiens et les chasseurs. Dans leur pays natal ils occupent plutôt les montagnes que les lieux bas, ils ne cherchent pas les marais et la fange comme nos sangliers ; ils se tiennent dans les bois où ils vivent de fruits sauvages, de racines, de graines, ils mangent aussi les serpens, les crapaux, les lézards qu'ils écorchent auparavant avec leurs pieds. On les apprivoise ou plutôt on les prive aisément en les prénant jeunes, ils perdent leur férocité naturelle, mais sans se dépouiller de leur grossiereté, car ils ne connoissent personne, ne s'attachent point à ceux qui les soignent ; seulement ils ne font point de mal, et l'on peut sans inconvénient, les laisser aller et venir en liberté : ils ne s'éloignent pas beaucoup, reviennent d'eux-mêmes au gîte, et n'ont de querelle qu'auprès de l'auge ou de la gamelle

F 3

lorsqu'on la leur présente en commun : ils ont un grognement de colère plus fort et plus dur que celui du cochon, mais on les entend très-rarement crier ; ils soufflent aussi comme le sanglier lorsqu'on les surprend et qu'on les épouvante brusquement ; leurs poils se hérissent lorsqu'ils sont irrités. Le pécari quoiqu'assez féroce, est plus foible, plus pesant et plus mal armé que le sanglier.

ONZIEME LEÇON.
LA ROUSSETTE,
LA ROUGETTE ET LE VAMPIRE.

LA roussette et la rougette sont des especes de grandes chauves-souris fort-nombreuses en Afrique et en Asie, et le vampire est aussi une grande chauve-souris particuliere à l'Amérique, qui suce le sang des chevaux, des mulets et même des hommes, quand ils ne s'en garantissent pas en dormant à l'abri d'un pavillon. La roussette et la rougette sont plus grandes, plus fortes et peut-être plus méchantes que le vampire, mais c'est à force ouverte, en plein jour aussi-bien que la nuit qu'elles font leur dégât; elles tuent les volailles et les petits animaux, elles se jettent même sur les hommes, les insultent et les blessent au visage par des morsures cruelles, mais il ne paroit pas que comme le vampire, elles sucent le sang des hommes et des animaux endormis.

Les roussettes sont donc des animaux carnassiers, voraces et qui mangent de tout, car lorsque la chair ou le poisson leurs manquent, elles se nourrissent de végétaux et de fruits de toutes especes;

F 4

elles boivent le suc des palmiers, et il est aisé de les énnivrer et de les prendre, en mettant à portée de leurs retraites des vases remplis d'eau de palmier, ou de quelqu'autre liqueur fermentée : elles s'attachent et se suspendent aux arbres avec leurs ongles ; elles vont ordinairement en troupes et plus la nuit que le jour, elles fuient les lieux trop fréquentés, et demeurent dans des déserts, sur-tout dans les isles inhabitées.

LE POLATOUCHE
OU ECUREUIL-VOLANT.

Le polatouche habite sur les arbres comme l'écureuil dont cependant il diffère ; il se trouve plus communement en Amérique qu'en Europe où on le voit rarement excepté dans quelques provinces du nord, telle que la Lithuanie et la Russie. Ce petit animal va de branche en branche, et lorsqu'il saute pour passer d'un arbre à un autre ou pour traverser un espace considérable, sa peau qui est lâche et plissée sur les côtés du corps, se tire au dehors, se bande et s'élargit par la direction contraire des pattes de devant qui s'étendent en avant, et de celles de derriere qui s'étendent en arriere par le mouvement du saut qui se prolonge et subsiste plus long-tems, parce que le corps de l'animal présentant une plus grande surface à l'air, éprouve une plus grande résistance et tombe plus lentement.

Le polatouche approche en quelque sorte de la chauve-souris par cet extension de la peau, il paroit aussi lui ressembler un peu par le naturel, car il est tranquille et pour ainsi-dire endormi pendant le jour, il ne prend de l'activité que le soir. Il est très-facile à apprivoiser, mais il est en même tems sujet à s'enfuir, et il faut le garder dans une cage ou l'attacher avec une petite chaîne. Quand on le pousse vivement, il fait un petit saut comme pour voler, mais il s'esquive d'abord avec frayeur, car il est peureux. Il aime beaucoup la chaleur. On le nourrit de pain, de fruits, de graines, il aime sur-tout les boutons et les jeunes pousses du pin et du bouleau. Il se fait un lit de feuilles dans lequel il s'ensevelit et où il demeure tout le jour, il n'en sort que la nuit et quand la faim le presse. Comme il a peu de vivacité, il devient aisément la proie des martes et des autres animaux qui grimpent sur les arbres.

LE PETIT-GRIS.

Le petit-gris qui nous fournit de si belles fourures ressemble à l'écureuil, il forme cependant une espece à part, on en trouve en Europe et en Amérique dans les climats froids. Ces animaux changent souvent de contrée ; lorsqu'il faut passer quelque lac ou quelque riviere, ils prennent une écorce de pin ou de bouleau sur laqu'elle ils se mettent et s'abandonnent ainsi au gré du vent, elevant leurs queues en forme de voiles, et il arrive quelquefois que le vent renverse et le vaisseau et les pilotes. Ce naufrage qui est bien souvent de trois ou quatre mille voiles enrichit ordinairement quelques Lapons qui trouvent ces débris sur le rivage.

Les petits-gris se tiennent ordinairement sur les arbres et particulierement sur les pins, ils se nourrissent de fruits et de graines dont ils font provision pour l'hiver, ils les déposent dans les creux d'un arbre où ils se retirent eux-mêmes pour passer la mauvaise saison, et ils y font leurs petits.

Le *palmiste*, le *barbaresque* et le *suisse* approchent encore de la forme de l'écureuil, et ils en ont les mœurs et les habitudes excepté le suisse. Les deux premiers habitent les climats chauds de l'ancien continent, et le dernier se trouve dans les régions froides et tempérées du nouveau monde ; celui-ci se tient à terre et s'y pratique comme le mulot une retraite impénétrable à l'eau, il est aussi moins docile et moins doux que les deux autres ; il mord sans ménagement, à moins qu'il ne soit entierement apprivoisé, il ressemble donc plus aux rats et aux mulots qu'aux écureuils par le naturel et les mœurs.

LE TAMANOIR,

LE TAMANDUA ET LE FOURMILLER.

Ces trois especes d'animaux ont un long museau, une gueule étroite et sans aucunes dents, la langue ronde et longue qu'ils insinuent dans les fourmillieres, et qu'ils retirent pour avaler les fourmis dont ils font leur principale nourriture. Ces animaux habitent l'Amérique méridionale, ils ont leur queue dégarnie de poil à l'extrémité par laquelle ils se suspendent aux branches des arbres : dans cette situation ils balancent leur corps, approchent leur museau des trous et des creux d'arbres, ils y insinuent leur langue et la retirent ensuite brusquement pour avaler les insectes qu'elle a ramassés ; ils plongent aussi leur langue dans le miel et dans les autres substances liquides ou visqueuses, ils ramassent assez promptement les miettes de pain et les petits morceaux de viande hachée : on les apprivoise et on les éleve aisément ; ils soutiennent longtems la privation de toute nourriture ; ils n'avalent pas toute la liqueur qu'ils prennent en buvant, il en retombe une partie qui passe par les narines ; ils dorment ordinairement pendant le jour, et changent de lieu pendant la nuit ; ils marchent si mal qu'un homme peut les atteindre facilement à la course dans un lieu découvert.

Le tamanoir grimpe facilement sur les arbres, ses griffes font des blessures profondes. Il se défend avec avantage contre les animaux les plus féroces tels que les jaguars, les couguars, etc. il tue beaucoup de chiens, aussi refusent-ils de le chasser.

Les fourmilliers ne sont guères plus grands qu'un écureuil, ils marchent assez lentement ; ils s'attachent comme le paresseux sur un bâton qu'on leurs présente, on les porte ainsi attachés où l'on veut. Ils ne font qu'un petit dans des creux d'arbres sur des feuilles qu'ils charrient sur le dos, ils ne mangent que la nuit, leurs griffes sont dangereuses.

Le tamanoir ressemble à un grand renard, il est assez fort pour se défendre d'un gros chien, et même d'un jaguar lorsqu'il en est attaqué ; il se bat d'abord debout, et, comme l'ours, il se défend avec les mains dont les ongles sont meurtriers ; ensuite il se couche sur le dos, pour se servir des pieds comme des mains,

et dans cette situation il est presqu'invin-
cible et combat opiniatrément jusqu'à la
derniere extrémité, et même lorsqu'il a
mis à mort son ennemi, il ne lâche que
très-long-tems après; il résiste plus qu'un
autre au combat, parce qu'il est couvert
d'un grand poil touffu, d'un cuir fort
épais, et qu'il a la chair peu sensible et
la vie très-dure.

LE PANGOLIN
ET LE PHATAGIN
OU LES LÉZARDS ÉCAILLEUX.

Ces animaux qui sont vivipares différent entiérement des lézards que l'on sait
être ovipares; leurs écailles sont mobiles
comme les piquans du porc-épic, et elles
se relevent ou se rabaissent à la volonté
de l'animal, elles se hérissent lorsqu'il
est irrité, elles se hérissent encore plus
lorsqu'il se met en boule comme le hérisson; ses écailles sont si grosses, si dures et si poignantes qu'elles rebutent tous
les animaux de proie, de maniere qu'en
contractant leur corps et présentant leurs
armes, ils bravent la fureur de tous leurs
ennemis.

Ces animaux sont doux, innocens et
ne font aucun mal; ils ne se nourrissent
que d'insectes; ils courent lentement, et

ne peuvent échapper à l'homme qu'en se cachant dans des trous de rochers ou dans des terriers qu'ils se creusent et où ils font leurs petits. Ces animaux font la premiere nuance de la figure des quadrupedes à celle des reptiles. Ils habitent les Indes de l'Asie meridionale.

LES TATOUS.

Les tatous au lieu de poil, sont couverts comme les tortues, les écrevisses et les autres crustacés d'une croûte ou d'un têt solide divisé par bandes dont le nombre differe avec les especes.

L'*upar* ou le *tatou à trois bandes* se trouve en Amérique ; lorsqu'il se couche pour dormir ou que quelqu'un le touche et veut le prendre avec la main, il rapproche et réunit, pour ainsi-dire, en un seul point ses quatre pieds, ramène sa tête sous son ventre, et se courbe si parfaitement en rond, qu'alors on le prendroit plutôt pour un coquillage de mer que pour un animal terrestre ; et l'homme le plus fort auroit bien de la peine à le redresser et à le faire étendre avec la main.

L'*encoubert* ou le *tatou à six bandes* fouille la terre avec une extrême facilité tant à l'aide de son groüin que de ses ongles, il se fait un terrier où il se tient

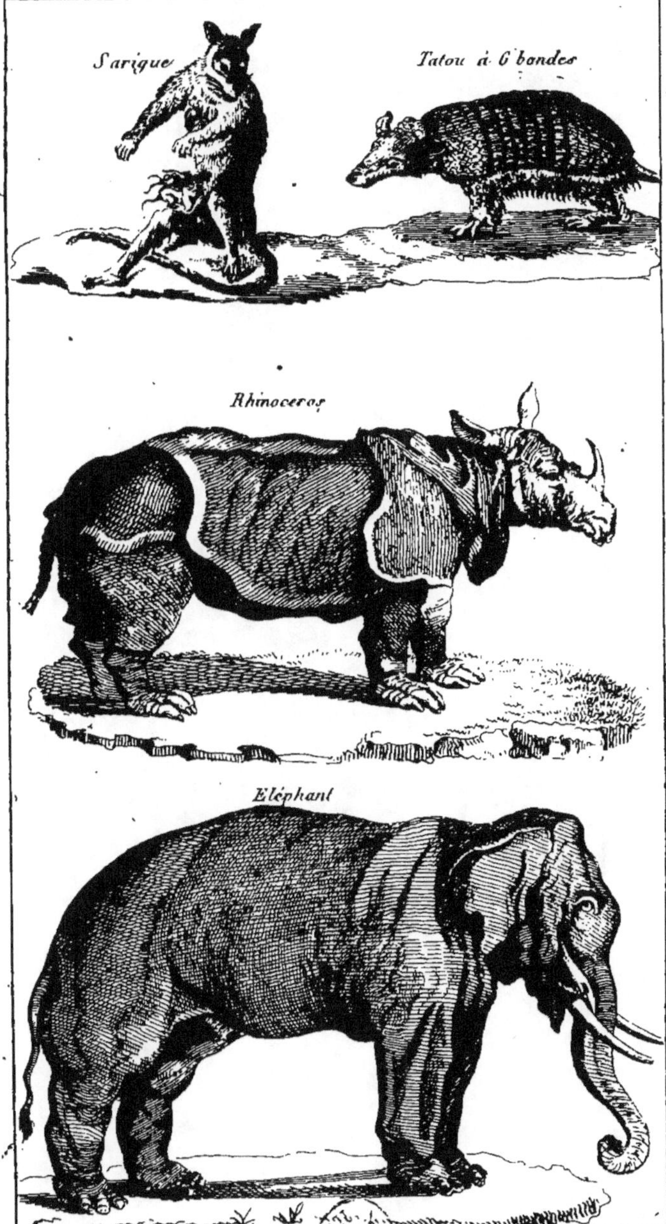

Sarigue
Tatou à 6 bandes
Rhinoceros
Eléphant

pendant le jour, et n'en sort que le soir pour chercher sa subsistance ; il boit souvent, il vit de fruits, de racines ; d'insectes et d'oiseaux lorsqu'il en peut saisir.

Tous les tatous sont originaires d'Amérique ; ce sont des animaux innocens et qui ne font aucun mal à moins qu'on ne les laisse entrer dans les jardins où ils mangent les melons, les patates et les autres légumes ou racines ; ils peuvent vivre dans les climats tempérés. Ils marchent avec vivacité ; mais il ne peuvent, pour ainsi-dire, ni sauter, ni courir, ni grimper sur les arbres, ensorte qu'ils ne peuvent guères échapper par la fuite à ceux qui les poursuivent ; leurs seules ressources sont de se cacher dans leur terrier, ou s'ils en sont trop éloignés, de tâcher de s'en faire un avant que d'être atteints, il ne leur faut pour cela que quelques momens, car les taupes ne creusent pas la terre plus vîte que les tatous. On prétend qu'ils demeurent dans leurs terriers sans en sortir pendant plus d'un tiers de l'année.

LE PACA.

Cet animal du nouveau monde se creuse un terrier comme le lapin ; il ressemble à un jeune cochon dont il a le grognement, l'allure et la maniere de manger et de fouiller la terre ; il habite le bord des rivieres dans les climats chauds de l'Amérique méridionale. Lorsqu'on l'attaque, il se défend et cherche même à se vanger en mordant avec autant d'acharnement que de vivacité.

Buffon a élevé cet animal qui est assez tranquil le jour, mais dès que la nuit vient il s'agite. Il est très-propre, ne souffre aucune ordure dans sa loge, et rejette la paille dont elle est garnie lorsqu'elle a de l'odeur. Il va au plus loin qu'il peut, pour faire ses ordures. Le paca s'accoutume aisément à la vie domestique, il est doux et traitable tant qu'on ne cherche pas à l'irriter, il aime qu'on le flatte et leche les mains des personnes qui le caressent. Il n'aime que les personnes qui ont soin de lui, il poursuit les enfans. Il aime beaucoup à se gratter et à se peigner.

LE SARIGUE
OU L'OPOSSUM.

La femelle de cet animal de l'Amérique a sous le ventre une ample cavité ou poche dans laquelle elle reçoit et allaite ses petits ; cette poche à du mouvement et du jeu, elle s'ouvre et se referme à la volonté de l'animal ; les petits même un peu grands rentrent dans cette poche et

s'y cachent lorsqu'ils sont effrayés. Le sarigue marche mal et court lentement; mais
il grimpe sur les arbres avec une extrême
facilité; il se cache dans le feuillage pour
attraper des oiseaux, ou bien il se sus-
pend par la queue avec laquelle il peut
serrer et même environner de plus d'un
tour les corps qu'il saisit; il reste quelquefois long-tems dans cette situation
sans mouvement, le corps suspendu, la
tête en bas, il attend et épie le petit gibier au passage; d'autres fois il se balan-
ce pour sauter d'un arbre à un autre.
Quoique carnassier et même avide de
sang qu'il se plait à sucer, il mange
de tout, des reptiles, des insectes, des
cannes de sucre, des patates, des racines
et même des feuilles et des écorces. On
peut le nourrir comme un animal domestique; il n'est ni féroce ni farouche, et
on l'apprivoise aisément; mais il dégoute
par sa mauvaise odeur qui est plus forte
que celle du renard, et il déplaît aussi
par sa vilaine figure.

La *marmose* ressemble beaucoup à la
sarigue excepté qu'elle n'a point de poche
sous le ventre pour recevoir ses petits,
du reste elle a les mêmes habitudes et les
mêmes inclinations. On dit que la marmose
pêche des poissons et des écrevisses avec
sa queue. Ce fait ne s'accorde pas avec la

stupidité naturelle qu'on lui reproche, car on dit qu'elle ne sait ni se mouvoir à propos, ni fuir, ni se défendre.

Le *cayopolin* se rapproche aussi des deux especes précédentes par la figure et les mœurs.

LE CRABIER.

Cet animal se nourrit principalement de crabes, il est fort commun à Cayenne. Il est très-leste pour grimper sur les arbres où il se tient plus souvent qu'à terre. Il se défend très-bien contre les chiens. Quand il ne peut pas tirer les crabes avec ses pattes, il y introduit sa queue dont il se sert comme d'un crochet. On le nourrit comme les chiens et les chats, c'està-dire avec toutes sortes d'alimens.

DOUZIEME LEÇON.

L'ÉLÉPHANT.

Dans l'état sauvage, l'éléphant n'est ni sanguinaire ni féroce, il est d'un naturel doux, et jamais il ne fait abus de ses armes ou de sa force, il ne les emploie, il ne les exerce que pour se défendre lui-même ou pour protéger ses semblables : il a les mœurs sociales, on le voit rarement errant et solitaire, il marche ordinairement de compagnie, le plus âgé conduit la troupe, le second d'âge la fait aller et marche le dernier ; les jeunes et les foibles sont au milieu des autres ; les mères portent leurs petits et les tiennent embrassés de leur trompe ; ils ne gardent cet ordre que dans les marches périlleuses, lorsqu'ils vont paître sur des terres cultivées ; ils se promènent ou voyagent avec moins de précaution dans les forêts et dans les solitudes, sans cependant se séparer absolument ni même s'écarter assez pour être hors de portée des secours et des avertissemens : il y en a néanmoins quelques uns qui s'égarent ou qui traînent après les autres, et ce sont les seuls que les chasseurs osent attaquer, car il faudroit une petite armée, pour assaillir

la troupe entiere, et l'on ne pourroit la
vaincre sans perdre beaucoup de monde ;
il seroit même dangereux de leur faire la
moindre injure, ils vont droit à l'offen-
seur et quoique la masse de leur corps
soit très-pesante, leur pas est si gránd
qu'ils atteignent aisément l'homme le plus
léger à la course, ils le percent de leurs
défenses ou le saisissent avec la trompe,
le lancent comme une pierre et achevent
de le tuer en le foulant aux pieds ; mais
ce n'est que lorsqu'ils sont provoqués qu'ils
font ainsi main basse sur les hommes ;
ils ne font aucun mal à ceux qui ne les
cherchent pas ; cependant comme ils sont
susceptibles et délicats sur le fait des injures, il est ben d'éviter leur rencontre,
et les voyageurs qui fréquentent leur pays,
allument de grands feux la nuit et battent
de la caisse pour 'es empêcher d'approcher. On prétend que lorsqu'ils ont été
une fois attaqué par les hommes, ou qu'ils
sont tombés dans quelqu'embûches, i's
ne l'oublient jamais, et qu'ils cherchent
à se venger en toute occasion ; comme
ils ont l'odorat excellent et peut-être plus
parfait qu'aucun des animaux, à cause de
la grande étendue de leur nez, l'odeur
de l'homme les frappe de fort loin, ils
pourroient le suivre à la piste. Ces animaux aiment le bord des fleuves, les

profondes vallées, les lieux ombragés et
les terreins humides, ils ne peuvent se
passer d'eau et la troublent avant que de
la boire; ils en remplissent souvent leur
trompe, soit pour la porter à leur bouche ou seulement pour se rafraichir le
nez et s'amuser en la répandant à flot ou
l'aspergeant à la ronde; ils ne peuvent
supporter le froid, et souffrent aussi de
l'excès de la chaleur; car pour éviter la
trop grande ardeur du soleil, il s'enfoncent
autant qu'ils peuvent dans la profondeur
des forêts les plus sombres; ils se mettent aussi assez souvent dans l'eau, le volume énorme de leur corps leur nuit moins
qu'il ne leur aide à nager, ils enfoncent
moins dans l'eau que les autres animaux,
et d'ailleurs la longueur de leur trompe
qu'il redressent en haut, et par laquelle
ils respirent, leur ôte toute crainte d'être
submergés.

On trouve quelquefois des éléphans
séparés et errans seuls et éloignés des
autres, et qui ne sont jamais admis dans
aucune compagnie, comme s'ils étoient
bannis de toute société. Ces éléphans solitaires ou réprouvés sont très-méchans,
ils attaquent souvent les hommes, ils les
tuent. On n'a jamais rencontré deux de
ces éléphans farouches ensemble, ils vivent seuls et sont tous mâles.

Les alimens ordinaires des éléphans sont des racines, des herbes, des feuilles, et des grains, mais ils dédaignent la chair et le poisson ; lorsque l'un d'entre-eux trouve quelque part un pâturage abondant, il appelle les autres et les invite à venir manger avec lui. Comme il leur faut une grande quantité de fourrage, ils changent souvent de lieu, et lorsqu'ils arrivent à des terres ensemancées, ils y font un dégât prodigieux ; comme ils arrivent en nombre, ils dévastent une campagne en une heure ; ils chassent le bétail domestique, font fuir les hommes, et quelquefois renversent de fond-en-comble leurs minces habitations. Il est difficile de les épouvanter, et ils ne sont guères susceptibles de crainte ; la seule chose qui les surprenne et puisse les arrêter sont les feux d'artifice, les pétards qu'on leur lance et dont l'effet subit et promptement renouvellé les saisit et leur fait quelquefois rebrousser chemin : on vient très-rarement à bout de les séparer les uns des autres, car ordinairement ils prennent tous ensemble le même parti d'attaquer, de passer indifféremment ou de fuir.

Lorsque les fémelles entrent en chaleur, ce grand attachement pour la société céde à un sentiment plus vif ; la troupe se sépare par couples que le desir avoit formé d'avance ; ils se prennent par choix, se dérobent, et dans leur marche, l'amour semble les précéder et la pudeur les suivre, ils craignent sur-tout les regards de leurs semblables. Ils cherchent les bois les plus épais, ils gagnent les solitudes les plus profondes pour se livrer sans témoins, sans trouble et sans réserve à toutes les impressions de la nature. La femelle porte deux ans, elle ne produit qu'un petit.

On n'imagine pas à quel point l'esclavage et les alimens apprêtés détériorent le tempérament et changent les habitudes naturelles de l'éléphant. On vient à bout de le dompter, de le soumettre, de l'instruire, et comme il est plus fort et plus intelligent qu'un autre, il sert plus à propos, plus puissamment et plus utilement. Les naturalistes, les historiens, les voyageurs assurent tous que les éléphans n'ont jamais produit dans l'état de domesticité. Il faut voir le détail que donne *Buffon* de la maniere dont on les prend, on les dompte et on les soumet, et comment on oblige une femelle en chaleur et privée de faire le cri d'amour auquel le mâle sauvage répond à l'instant, et se met en marche pour la joindre dans une enceinte où on la fait entrer; le mâle la suivant à la piste entre par la même porte ; dès

qu'il se voit enfermé, son ardeur s'éva-
nouit, et lorsqu'il apperçoit les chasseurs,
elle se change en fureur, on lui jette des
cordes à nœuds coulans pour l'arrêter, on
lui met des entraves aux jambes et à la
trompe, on amene deux ou trois éléphans
privés et conduits par des hommes adroits;
on essaye de les attacher avec l'éléphant sauvage; enfin l'on vient à bout par adresse,
par force, par tourmens et par caresses,
de le dompter en peu de jours.

L'éléphant une fois dompté, devient
le plus doux, le plus obéissant de tous
les animaux; il s'attache à celui qui le
soigne, il le caresse, le prévient et semble deviner tout ce qui peut lui plaire;
en peu de tems il vient à comprendre les
signes et même à entendre l'expression
des sons; il distingue le ton impératif,
celui de la colere ou de la satisfaction,
et il agit en conséquence. Il ne se trompe point à la parole de son maître; il
reçoit ses ordres avec attention, les exécute avec prudence, avec empressement,
sans précipitation; car ses mouvemens sont
toujours mesurés et son caractere semble
tenir de la gravité de sa masse; on lui apprend aisément à fléchir les genoux pour
donner plus de facilité à ceux qui veulent
le monter; il carresse ses amis avec sa
trompe, en salue les gens qu'on lui fait
remarquer.

remarquer, il s'en sert pour enlever des fardeaux et aide lui-même à se charger ; il se laisse vêtir et semble prendre plaisir à se voir couvert de harnois dorés et de housses brillantes ; on l'attele, on l'attache par des traits a des chariots, des charrues, des navires, des cabestans ; il tire également, continuellement et sans se rebuter, pourvu qu'on ne l'insulte pas par des coups donnés mal-à propos, et qu'on ait l'air de lui savoir gré de la bonne volonté avec laquelle il emploie ses forces. Celui qui le conduit ordinairement est monté sur son cou et se sert d'une verge de fer dont l'extrémité fait le crochet, ou qui est armé d'un poinçon avec lequel on le pique sur la tête à côté des oreilles pour l'avertir, le détourner ou le presser ; mais souvent la parole suffit, sur-tout s'il a eu le tems de faire connoissance complette avec son conducteur et de prendre en lui une entiere confiance ; son attachement devient quelquefois si fort, si durable et son affection si profonde, qu'il refuse de servir sous tout autre, et qu'on l'a même vû mourir de regret d'avoir, dans un accès de colere, tué son gouverneur..

De tems immémorial les Indiens se sont servis d'éléphans à la guerre ; chez ces nations mal disciplinées, c'étoit la meilleure troupe de l'armée, et tant que l'on n'a combattu qu'avec le fer, celle qui décidoit ordinairement du sort des batailles. Aujourd'hui ils se servent plus communément des éléphans pour dompter les éléphans sauvages, et pour le service, par exemple pour porter les grandes cages de treillage dans lesquelles ils font voyager leurs femmes; c'est une monture très-sûre, car l'éléphant ne bronche jamais.

L'éléphant se délecte au son des instrumens, il apprend aisément à marquer la mesure, à se remuer en cadence et à joindre à propos quelques accens au bruit des tambours et au son des trompettes. Son odorat est exquis et il aime avec passion les parfums de toute espece et sur-tout les fleurs odorantes, il les choisit, il les cueille une à une, il en fait des bouquets et après en avoir savouré l'odeur, il les porte à sa bouche et semble les goûter: la fleur d'orange est un de ses mets les plus délicieux.

L'éléphant fait avec sa trompe tout ce que nous faisons avec nos doigts, il ramasse à terre les plus petites pieces de monnoie; il cueille les herbes et les fleurs en les choisissant une à une, il dénoue les cordes, ouvre et ferme les portes en tournant les clefs et poussant les verroux, il apprend à tracer des caracteres réguliers avec un instrument aussi petit qu'une plume. Toutes ces opérations se font au moyen de l'appendice en maniere de doigt situé à la partie supérieure du rebord qui environne l'extrémité de la trompe, et laisse dans le milieu une concavité faite en forme de tasse au fond de laquelle se trouve les deux orifices des conduits communs de l'odorat et de la respiration. L'éléphant a donc le nez dans la main. (On trouvera dans le tome XI in-4°. de *l'Histoire naturelle de Buffon* page 77 et suiv. le récit de plusieurs faits qui donnent une idée du naturel et de l'intelligence de ce singulier animal.)

TREIZIEME LEÇON.

LE RHINOCÉROS.

LE rhinocéros sans être ni féroce ni carnassier, ni même extrêmement farouche, est cependant intraitable, il est à peuprès en grand ce que le cochon est en petit, brusque et brut, sans intelligence, sans sentiment, sans docilité, il est comme lui enclin à se vautrer dans la boue et à se rouler dans la fange ; il aime les lieux humides et marécageux, et il ne quitte guères les bords des rivieres. On le trouve en Asie, en Afrique, à Bengale, à Siam, etc.

Le rhinocéros agé de deux ans qui arriva du Bengale à Londres en 1739 se nourrissoit de riz, de sucre, et de foin. Il étoit d'un naturel tranquille et se laissoit toucher sur toutes les parties de son corps ; il ne devenoit méchant que quand on le frappoit ou lorsqu'il avoit faim, et dans l'un et l'autre cas, on ne pouvoit l'appaiser qu'en lui donnant à manger. Lorsqu'il étoit en colere, il sautoit en avant et s'élevoit brusquement à une grande hauteur, en poussant sa tête avec furie contre les murs, ce qu'il faisoit avec une prodigieuse vîtesse, malgré son air lourd et sa masse pesante. Mr. *Parsons* qui a donné l'histoire naturelle de cet animal, juge qu'il est tout-à-fait indomptable, et qu'il atteindroit aisément à la course un homme qui l'auroit offensé, cependant en Abyssinie il est soumis et sert à porter des fardeaux.

Cet animal se nourrit d'herbes grossieres, de chardons, d'arbrisseaux épineux, et il préfere ces alimens agrestes à la douce pâture des plus belles prairies; il aime beaucoup les cannes de sucre et mange aussi de toutes sortes de graines; n'ayant nul goût pour la chair, il n'inquiete pas les petits animaux, ne craint pas les grands, vit en paix avec tous et même avec le tigre, qui souvent l'accompagne sans oser l'attaquer. Les rhinocéros ne se rassemblent pas en troupes, ni ne marchent en nombre comme les éléphans; il sont plus solitaires, plus sauvages et peut-être plus difficiles à chasser et à vaincre. Ils n'attaquent pas les hommes à moins qu'ils ne soient provoqués, mais alors ils prennent de la fureur et sont très-redoutables. La voix de cet animal est assez sourde lorsqu'il est tranquille, et ressemble en gros au grognement du cochon, et lorsqu'il est en colere, son cri devient aigu et se fait entendre de fort loin.

G 3

LE CHAMEAU.
ET LE DROMADAIRE.

Le chameau et le dromadaire ne dé-signent pas deux especes différentes, mais indiquent seulement deux races distinctes et subsistantes de tems immémorial dans l'espece du chameau. Le principal et pour ainsi-dire l'unique caractere sensible par lequel les deux races different, consiste en ce que le chameau porte deux bosses, et que le dromadaire n'en a qu'une. On n'a jamais trouvé le chameau dans l'état sauvage, et il paroit que les bosses qu'il porte sont plutôt des empreintes de la domesticité et des travaux auxquels on l'as-sujettit, qu'une conformation naturelle. Le dromadaire est beaucoup plus répandu que le chameau dans l'Afrique et dans l'Asie, ce dernier ne se trouve guères que dans le Turquestan et dans quelques au-tres endroits du Levant.

Les Arabes regardent le chameau com-me un présent du ciel, un animal sacré sans le secours duquel ils ne pourroient ni subsister, ni commercer, ni voyager; ils accoutument cet animal à plier les jambes pour se laisser charger et décharger; ils l'exercent à la course, et à la diette qu'il sait très-bien supporter pendant fort long-tems : le chameau qui est un animal

Chameau
Buffle
Zebre

ruminant, outre les quatre estomacs propres à ce genre d'animaux, en a un cinquieme qui est une espece de poche qu'il remplit d'eau et dont il se sert en la faisant revenir dans un de ses estomacs pour délayer la nourriture qu'il prend, de maniere que dans les déserts arides de l'Arabie, il peut se passer de boire pendant plusieurs jours. Le chameau vit d'herbes, et il préfere aux plus douces, l'absynthe, le chardon, l'ortie, le genet et autres végétaux épineux.

Le chameau est le plus anciennement, le plus complettement et le plus laborieusement esclave qu'aucun des autres animaux domestiques ; lorsqu'on le surcharge il refuse de se lever et il jette des cris lamentables. On n'a besoin ni de fouet ni d'éperon pour l'exciter, mais lorsqu'il commence à être fatigué, on soutient son courage ou plutôt on charme son ennui par le chant ou par le son de quelqu'instrument.

Les chameaux dont on fait usage sont hongres pour éviter la fureur qui les anime dans le tems du rût ; alors ils attaquent et mordent les animaux, les hommes et même leur maître auquel dans tout autre tems ils sont très-soumis.

LE BUFLE.

Le bufle, animal beaucoup plus gros et plus fort que notre bœuf, habite les climats chauds, mais il se reproduit aussi dans nos climats tempérés. Les bufles sauvages vont en troupeaux, il font de grands dégâts dans les terres cultivées, mais ils n'attaquent jamais les hommes, et ne courent dessus que quand on vient de les blesser; alors ils sont très-dangereux, car ils vont droit à l'ennemi, le renversent et le tuent en le foulant aux pieds; le bufle se tient souvent à la lisiere des bois, et comme il a la vûe mauvaise, il y reste la tête baissée, pour pouvoir mieux distinguer les objets entre les pieds des arbres ; lorsqu'il apperçoit à sa pôrtée quelque chose qui l'inquiete, il s'élance dessus en poussant des mugissemens affreux, et il est fort difficile d'échapper à sa fureur; Il est moins redoutable dans la plaine. Les bufles craignent beaucoup l'aspect du feu, la couleur rouge leur déplait. Ils aiment à se vautrer et même à séjourner dans l'eau ; ils nagent très-bien et traversent hardiment les fleuves les plus rapides.

LE GNOU.

Animal ruminant du Cap de bonne-Espérance que l'on prive difficilement, la fémelle est assez douce, mais le mâle dans l'état sauvage est aussi farouche et aussi méchant que le bufle.

LE TAPIR OU L'ANTA.

Le tapir est l'animal le plus grand de l'Amérique, il est de la grandeur d'une petite vache, il n'appartient pas au genre des bœufs, il a le dos arqué. C'est un animal triste et ténébreux qui ne sort que de nuit, qui ne se plait que dans les eaux où il habite plus souvent que sur la terre, il vit dans les marais, et ne s'éloigne guères du bord des fleuves et des lacs ; dès qu'il est menacé, poursuivi ou blessé, il se jette à l'eau, s'y plonge et y demeure assez de tems pour faire un grand trajet avant de reparoître. Quoiqu'habitant des eaux, il ne se nourrit pas de poissons, il n'est pas carnassier ; vit de plantes et de racines ; il ne se sert point de ses armes contre les autres animaux. Il est d'un naturel doux, timide et fuit tout combat, tout danger ; il marche ordinairement de compagnie et quelquefois en grande troupe. On apprivoise cet animal.

LE ZEBRE.

Le zebre n'est ni cheval, ni âne, ni onagre, il es originaire du Cap de bonne-Espérance dont les habitans ont employé tous leurs soins à le dompter et à le rendre domestique sans avoir jusqu'ici pleinement réussi. Celui que l'on a vu à la ménagerie de Versailles étoit très-sauvage, il ne s'est jamais entierement apprivoisé, cependant on est parvenu à le monter, mais il falloit beaucoup de précautions. Il avoit la bouche très-dure, les oreilles si sensibles qu'il ruoit dès qu'on vouloit le toucher. Il étoit rétif comme un cheval vicieux, et têtu comme un mulet.

LE COUAGGA.

Cet animal qui tient du zebre est plus docile que lui, car les paysans de la colonie du Cap de bonne-Espérance attelent les couaggas à leurs charrettes qu'ils tirent très-bien. Il est vrai qu'ils sont méchans, ils mordent et ruent; quand un chien les approche de trop près ils le repoussent à coups de pied; les hyœnes n'osent les attaquer. Ils marchent en troupes souvent au nombre de plus de cent.

Hippopotame
Gazelle
Elan
Nilgault
Renne

L'HIPPOPOTAME.

L'hippopotame est un très-gros animal qui diffère entierement du cheval et qui habite les fleuves d'Afrique. Il est naturellement doux; il est d'ailleurs si pesant et si lent à la course qu'il ne pourroit attraper aucun des quadrupedes; il nage plus vîte qu'il ne court, il chasse le poisson et en fait sa proie; il se plait dans l'eau et y séjourne aussi volontiers que sur la terre. Il se tient long-tems au fond de l'eau et y marche comme en plein air, et lorsqu'il en sort pour paître, il mange des cannes de sucre, des joncs, du millet, du riz, des racines. Il fuit ordinairement lorsqu'on le chasse et se jette dans l'eau : mais si l'on vient à le blesser, il s'irrite et se retournant avec fureur, se lance contre les barques, les saisit avec les dents, en enleve souvent des pieces et quelquefois les submerge.

L'ELAN
ET LE RENNE.

Ces deux animaux d'espèces différentes habitent les contrées du Nord; le renne se tient dans les montagnes, l'élan préfere les terres basses et les forêts humides. Tous deux se mettent en troupes comme le cerf et vont de compagnie; tous deux peuvent s'apprivoiser, mais le renne beaucoup plus que l'élan qui n'a nulle part perdu sa liberté, tandisque le renne est devenu domestique chez les Lapons qui n'ont pas d'autre bétail. Ils s'en servent comme du cheval pour tirer des traineaux, des voitures ; il marche avec bien plus de diligence et de légéreté, fait aisément trente lieues par jour et court avec autant d'assurance sur la neige gelée que sur une pelouse. Cet animal se nourrit en hiver d'une mousse blanche qu'il sait trouver sous les neiges épaisses en fouillant avec son bois et les détournant avec ses pieds ; en été il vit de boutons et de feuilles d'arbres plutôt que d'herbes. Ces animaux sont doux, on les mene aux pâturages et on les enferme pendant la nuit dans des étables ou dans des parcs, pour les mettre à l'abri de l'insulte des loups. Il y a en Laponie des rennes sauvages et des rennes domestiques, les rennes de race sauvage qu'on apprivoise sont moins doux que les autres, non-seulement ils refusent quelquefois d'obéir à celui qui les guide, mais ils se retournent brusquement contre lui, l'attaquent à coups de pied, en sorte qu'il n'a d'autre ressource que de se couvrir de son traineau, jusqu'à ce que la colere de sa bête soit appaisée. Le renne peut faire quatre on cinq lieues par heure.

LES GAZELLES.

Les gazelles habitent le Levant et la Barbarie, leur légereté est au moins égale à celle du chevreuil, mais celui-ci bondit et saute plutôt qu'il ne court, au lieu que les gazelles courent uniformément plutôt qu'elles ne bondissent.

Le *kevel* espece de gazelle vit en société, il est ainsi qu'elle doux, s'accoutume aisément à la domesticité.

LA CHEVRE

DE GRIMME.

Cet animal est originaire de Guinée, il se prive aisément et il écoute quand on l'appelle par son nom ; il se laisse volontiers gratter la tête et le cou. Il aime la propreté, au point de ne jamais souffrir aucune petite ordure sur tout son corps se grattant souvent à cet effet de l'un de ses pieds de derriere. Il est très-agile, et lorsqu'il est en repos, il tient souvent un de ses pieds de devant élevé et recourbé, ce qui lui donne un air très-agréable. On le nourrit avec du pain, du seigle et des carrottes, il mange volontiers aussi des pommes de terre.

LE CABIAI.

On le trouve dans la Guyane, le long des fleuves. Ces animaux vont toujours par couple, le mâle et la fémelle. Ils fuient les endroits habités : s'ils apperçoivent quelqu'un, ils se jettenr à l'eau et nagent comme les cochons ; quelquefois il se laissent aller au fond de l'eau, ils y restent même assez long-tems. On en prend de jeunes qu'on éleve dans les maisons ; quoiqu'ils vivent ordinairement de poisson, on les accoutume à manger du pain et des légumes. Ils ne sont point dangéreux.

LE NILGAUT.

Le nilgaut est un animal des Indes qui tient des gazelles, il est très-doux, se familiarise aisément, et léche la main qui le caresse. Il craint les odeurs fortes ; lorsque ces animaux veulent se battre, ils s'agenouillent et s'avançant dans cette posture, ils sautent habilement l'un sur l'autre.

LE PORC-ÉPIC.

Cet animal qui differe entiérement du cochon n'a pas la facilité, comme on le dit, de darder ses piquans ; il est originaire des climats les plus chauds de

Porc épic
Giraffe.
Lama
Unau
Hamster
Gerboise.

l'Afrique et des Indes ; il n'est ni féroce ni farouche, seulement il est jaloux de sa liberté. Il coupe le bois avec ses dents et perce aisément la porte de sa loge. On le nourrit avec de la mie de pain, du fromage et des fruits. Dans l'état de liberté il vit de racines et de graines sauvages ; quand il peut entrer dans un jardin il y fait un grand dégât et mange les légumes avec avidité. Ses piquans sont de vrais tuyaux de plumes, auxquels il ne manque que les barbes pour être de vraies plumes. Il les releve et les abaisse à volonté, comme le paon et le coq-d'inde relevent les plumes de leur queue.

LA GIRAFFE.

La giraffe est un des premiers, des plus beaux et des plus grands animaux, qui sans être nuisible est en même tems l'un des plus inutiles. Cet animal est doux, il ne fait aucun mal et ne se nourrit que d'herbes et de feuilles. On le trouve en Ethiopie et dans quelques autres pays de l'Afrique méridionale et près le Cap de bonne Espérance. Quand il veut boire ou prendre quelque chose à terre, il faut qu'il se mette à genoux, parce que ses jambes de devant sont très-longues en comparaison de celles de derrière. Les giraffes habitent uniquement dans les plaines, elles vont en petites troupes de cinq ou six et quelquefois de dix ou douze. L'espèce n'est pas très-nombreuse.

LE LAMA ET LE PACO.

Ce sont des animaux domestiques au Pérou. On les occupe beaucoup au transport des riches matieres que l'on tire des mines de Potosi. Ces animaux sont doux et phlegmatiques, ils font tout avec poids et mesure. Lorsqu'ils voyagent et qu'ils veulent s'arrêter pour quelques instans, ils plient les genoux avec la plus grande précaution, et baissent leurs corps de maniere à empêcher leur charge de tomber ou de se déranger : et dès qu'ils entendent le coup de sifflet de leur conducteur, ils se relevent avec les mêmes précautions et se remettent en marche; ils broutent chemin faisant, mais jamais ils ne mangent la nuit, quand même ils auroient jeuné pendant le jour; ils emploient ce tems à ruminer. Lorsqu'on les excède de travail et qu'ils succombent une fois sous le faix, il n'y a plus moyen de les faire relever, on les frappe inutilement, ils s'obstinent à demeurer au lieu même où ils sont tombés, et si l'on continue de les maltraiter, ils se désesperent et se tuent en battant la terre à droite à gauche avec leur tête. Ils ne se défendent ni des pieds ni des dents, et n'ont pour ainsi-dire d'autres armes que celle de l'indignation ; ils crachent à la face de ceux qui les insultent. Ces animaux en liberté se rassemblent en troupes et sont quelquefois 2 ou 300 ensemble ; lorsqu'ils apperçoivent quelqu'un, ils regardent avec étonnement sans marquer d'abord ni crainte ni plaisir, ensuite ils soufflent des narines et hennissent à peu-près comme les chevaux, et enfin prennent la fuite tous ensemble. Ils cherchent de préférence le côté du Nord et la région froide des Cordillieres.

Le paco ou *vigogne* a le même naturel et à-peu-près les mêmes mœurs que le lama, les vigognes sont légeres à la course, elles sont timides et dès qu'elles apperçoivent quelqu'un, elles s'enfuient et chassent leurs petits devant elles. Les vigognes domestiques servent comme les lamas à porter des fardeaux, leur poil est très-recherché.

QUATORZIEME LEÇON.
L'UNAU ET LAI
OU LES PARESSEUX.

Autant, dit *Buffon*, la nature est vive, agissante, exaltée dans les singes, autant elle est lente, contrainte et resserrée dans les paresseux. Leur existance est une douleur habituelle, résultant de leur conformation bisarre et négligée, ils ne peuvent ni attaquer ni se défendre. Confinés à la motte de terre, à l'arbre sous lequel ils sont nés, prisonniers au milieu de l'espace, ne pouvant parcourir que 2 mètres en une heure, grimpant avec peine, se traînant avec douleur, une voie plaintive et par accens entrecoupés qu'ils n'osent élever que la nuit, tout annonce leur misere.

Ces animaux n'ayant point de dents sont réduits à vivre de feuilles et de fruits sauvages qu'ils trouvent sur les arbres, ils s'accrochent aux branches et les dépouillent par parties. Ne pouvant descendre des arbres, ils se laissent tomber lourdement comme un bloc, une masse sans ressort; à terre ils sont livrès à tous leurs ennemis. Quoiqu'ils soient lents, gauches et presqu'inhabiles au mouvement, ils sont durs, forts de corps et vivaces; ils peuvent supporter long-tems la privation de toute nourriture. Ils sont au nombre des animaux ruminans : ils paroissent très-mal ou très-peu sentir ; leur air morne, leur regard pesant, leur résistance indolente aux coups qu'ils reçoivent sans s'émouvoir, annoncent leur insensibilité. Ces animaux appartiennent aux terres meridionales du nouveau continent.

LE SURIKATE.

Le surikate est un joli animal, très-vif et très-adroit, marchant quelquefois debout, se tenant souvent assis avec le corps très-droit, les bras pendans, la tête haute et mouvante sur le cou comme sur un pivot ; il n'est pas si grand qu'un lapin. Il se nourrit de viande crue, et fait la chasse aux petits animaux. Il aime le poisson ; il se sert de ses pattes de devant comme l'écureuil pour porter à sa gueule ; sa boisson ordinaire est son urine ou l'eau chaude. Il s'apprivoise très-bien et joue innocemment avec les chats ; mais il faut se défier, car quand il prend quelqu'un en aversion, il cherche à le mordre en toute occasion. Cet animal se trouve en Afrique.

LE HAMSTER.

Le hamster est une espece de rat qui approche beaucoup du rat-d'eau, et vit sous terre où il se fait des magasins des grains qu'il ramasse. Le mâle et la fémelle ont chacun leur demeure séparée, celle de la fémelle est plus profonde que celle du mâle. Leur habitation est divisée en plusieurs petits caveaux séparés pour y déposer leurs provisions ; un des caveaux de la fémelle est destiné à recevoir ses petits ; elle y pratique un nid de paille ou d'herbes. Ces animaux se servent pour apporter leurs provisions de leurs abajoues dans lesquels chacun peut porter à la fois plus d'un quart de chopine de grains nettoyés. La provision du hamster à la fin de l'automne est quelquefois de deux boisseaux de bons grains.

Ces animaux s'entre détruisent mutuellement comme les mulots ; ils sont courageux et se défendent contre les chiens, contre les chats, contre les hommes, ils sont naturellement querelleurs. La fémelle paroit fort peu attachée à ses petits ; si elle se sent poursuivie, elle s'enfonce en creusànt plus avant dans la terre ; ses petits ont beau la suivre, elle est sourde à leurs cris, elle bouche même la retraite qu'elle s'est pratiquée. Le hamster passe l'hiver engourdi.

LE SOULIK.

Cet animal habite les déserts de la Sibérie dans des tanieres tortueuses ayant
plusieurs sorties. Il fait des provisions pour
l'hiver, il ramasse des épis de froment,
des pois, des graines de lin et de chanvre
qu'il met séparément l'un de l'autre, dans
des endroits préparés exprès; ces animaux
ont d'autres endroits pour reposer. Ils rejettent leurs ordures hors de leurs retraites.

LE BOBAK.

Le bobak est une espèce de marmotte
qui habite la Pologne. Il mord vivement
ceux qui veulent le prendre, et il fait
un cri aigu comme la marmotte. Quand
on donne à manger à ces animaux, ils
se tiennent assis et portent à leur gueule
avec les pieds de devant. Ils se font des
terriers où ils passent l'hiver et où la
femelle met bas et allaite ses petits.

LES GERBOISES.

Les gerboises sont aisées à reconnoître
par la longueur démésurée de leurs pattes
de derriere, comparées à celles de devant
qui sont fort courtes et qu'ils ont l'habitude de cacher dans leur poil. Pour se
transporter d'un lieu à un autre elles ne
marchent pas, mais elles sautent très-

légerement et très-vîte à un mètre de distance et toujours debout comme des oiseaux. En repos, elles sont assises sur leurs genoux; elles ne dorment que le jour et jamais la nuit; elles mangent du grain et des herbes comme les lièvres: elles sont d'un naturel assez doux et néanmoins elles ne s'apprivoisent que jusqu'à un certain point; elles se creusent des terriers comme l s lapins et en beaucoup moins de tems; elles y font un magasin d'herbes sur la fin de l'été, et dans les pays froids elles y passent l'hiver.

LA MANGOUSTE.

La mangouste est domestique en Egypte, comme le chat en Europe, et elle sert de même à prendre les souris et les rats, mais son goût pour la proie est encore plus vif et son instinct plus étendu que celui du chat, car elle chasse également aux oiseaux, aux quadrupèdes, aux serpens, aux lézards, aux insectes, attaque en général tout ce qui lui paroit vivant, et se nourrit de toute substance animale; son courage est égal à la véhémence de son appétit; elle ne s'effraye ni de la colère des chiens, ni de la malice des chats, et ne redoute pas même la morsure des serpens, elle les poursuit avec acharnement, les saisit et les tue, quelque véni-

Mangouste
Mococo
Ocelot
Chacal
Glouton
Lemming
Coase
Zibeline

meux qu'ils soient, et lorsqu'elle commence à ressentir les impressions de leur
venin, elle va chercher des antidotes et
particulierement une racine que les Indiens
ont nommé de son nom, et qu'ils disent
être un des plus sûrs et des plus puissans
remedes contre la morsure de la vipere
ou de l'aspic; elle mange les œufs de
crocodile comme ceux des poules et des
oiseaux, elle tue et mange aussi les petits crocodiles. Cet animal habite volontiers au bord des eaux; dans les inonnda-
tions, il gagne les terres élevées et s'approche souvent des lieux habités pour y
chercher sa proie, il marche sans faire
aucun bruit, et selon le besoin il varie sa
démarche. Quelquefois il porte la tête
haute, raccourcit son corps et s'éleve sur
ses jambes; d'autres fois il a l'air de ramper et de s'allonger comme un serpent;
souvent il s'assied sur ses jambes de derriere et plus souvent encore il s'élance
comme un trait sur la proie qu'il veut
saisir. Il a les yeux vifs et pleins de feu,
la physionomie fine, le corps très-agile.
On le trouve dans toute l'Asie meridionale, depuis l'Egypte jusqu'à Java, et il
paroit qu'il se trouve aussi en Afrique jusqu'au Cap de bonne-Espérance; il ne
peut vivre dans nos climats tempérés. Il
a une petite voix douce, une espèce de

murmure, et son cri ne devient aigu que lorsqu'on le frappe et qu'on l'irrite. Il est l'ennemi juré du crocodile. C'est l'ichneumon des Egyptiens.

LA FOSSANE.

La fossane est originaire de Madagascar, ses excrémens ont une odeur de musc comme ceux de la fouine. Elle mange de la viande et des fruits, mais elle préfere les derniers et sur-tout les bananes. Cet animal est très-sauvage, fort-difficile à apprivoiser, et quoiqu'élevé bien jeune, il conserve toujours un air et un caractere de férocité, ce qui est assez extraordinaire dans un animal qui vit de fruits.

LES MAKIS.

(LE MOCOCO.)-

Les makis approchent des singes dont ils different cependant par leur museau allongé comme celui d'une fouine et par d'autres caracteres.

Le mococo est un joli animal, d'une physionomie fine, d'une figure élégante et svelte, d'un beau poil toujours propre et lustré. Il a les mœurs douces, et il n'a ni la malice ni le naturel des singes auxquels il ressemble. Dans son état de liberté il vit en société, et on le trouve à Madagascar par troupes de 30 ou 40. Dans celui de captivité, il n'est incommode que par le mouvement prodigieux qu'il se donne; il s'apprivoise assez pour qu'on puisse le laisser aller et venir sans craindre qu'il s'enfuie; sa démarche est oblique comme celle de tous les animaux qui ont quatre mains au lieu de quatre pieds; il saute de meilleure grace et plus légerement qu'il ne marche, il est assez silentieux, et ne fait entendre sa voix que par un cri court et aigu qu'il laisse pour ainsi-dire échapper l'orsqu'on le surprend ou qu'on l'irrite. Il dort ordinairement le museau incliné et appuyé sur sa poitrine. On a remarqué que les makis avoient une habitude singuliere, c'est de prendre souvent devant le soleil une attitude d'admiration ou de plaisir; ils s'asseyent, dit-on, et étendent les bras en regardant cet astre; ils répetent plusieurs fois le jour cette sorte de démonstration qui les occupe pendant des heures entieres, car ils se tournent vers le soleil à mesure qu'il s'éleve ou qu'il décline; les mongous dont nous allons parler ont la même habitude. *Buffon* pense qu'elle vient de ce que ces animaux sont très-frileux, car ils font la même chose devant le feu.

(*LE MONGOU.*)

C'est un animal fort sale et assez incommode qui a l'habitude de manger les vertebres de sa queue; il est très-friand de fruits, de sucre et surtout de confitures dont il ouvre les boites. On a de la peine à le surprendre, et il mord cruellement ceux mêmes qu'il connoit le mieux. Cet animal à un petit grognement presque continuel, et lorsqu'il s'ennuie et qu'on le laisse seul, il se fait entendre de fort loin par un coassement tout semblable à celui des grenouilles. Il dort souvent le jour mais d'un sommeil fort leger et que le moindre bruit interrompt.

(*LE VARI.*)

Le vari est plus grand, plus fort et plus sauvage que le mococo, il est même d'une méchanceté farouche dans son état de liberté. Les voyageurs disent que ces animaux sont furieux comme des tigres, et qu'ils font un tel bruit dans les bois, que s'il y en a deux, il semble qu'il y en ait un cent, et qu'ils sont très-difficiles à apprivoiser. Ces trois animaux sont confinés à Madagascar.

LE SERVAL.

On trouve cet animal dans les montagnes de l'Inde, on le voit rarement à terre, il se tient presque toujours sur les arbres où il fait son nid et prend les oiseaux desquels il se nourrit ; il saute aussi légerement qu'un singe d'un arbre à l'autre, et avec tant d'adresse et d'agilité qu'en un instant il parcourt un grand espace, et qu'il ne fait pour ainsi-dire que paroître et disparoître. Il est d'un naturel féroce, cependant il fuit à l'aspect de l'homme à moins qu'on ne l'irrite, surtout en dérangeant sa beauge, car alors il devient furieux, il s'élance, mord et déchire à peu-près comme la panthere. La captivité, les bons et les mauvais traitemens ne peuvent ni dompter ni adoucir la férocité de cet animal ; on le nourrit en captivité de chair comme les pantheres et les léopards. Cet animal paroit être le chat-tigre du Sénégal et du Cap de bonne-Espérance.

L'OCELOT.

L'ocelot est un animal féroce et carnassier d'Amérique, il est très-vorace et en même tems très-timide, il attaque rarement les hommes il craint les chiens.

H 2

et dès qu'il en est poursuivi, il gagne les bois et grimpe sur un arbre, il y demeure et même y séjourne pour dormir et pour épier le gibier ou le bétail sur lequel il s'élance dés qu'il le voit à portée ; il préfere le sang à la chair.

Dans l'état de captivité il conserve ses mœurs, rien ne peut adoucir son naturel féroce, rien ne peut calmer ses mouvemens inquiets, on est obligé de le tenir en cage. On le nourrit de viande fraîche ; lorsque le mâle et la femelle sont ensemble, celle-ci ne s'avise pas de rien prendre que le mâle ne soit rassasié et qu'il ne lui envoie les morceaux dont il ne veut plus.

LE CHACAL
ET L'ADIVE.

Animaux féroces de l'Asie plus criards que le chien, plus voraces que le loup, ils ne vont jamais seuls, mais toujours par troupes de 20 30 ou 40. Ils se rassemblent chaque jour pour faire la guerre ou la chasse, ils vivent de petits animaux et se font redouter des plus puissans par le nombre ; ils attaquent toute espèce de bétail ou de volailles presqu'à la vue des hommes ; ils entrent sans crainte dans les bergeries, les étables, les écuries, dévorent tout ce qu'ils y trouvent, jusqu'aux souliers et aux lanieres faute d'autre proie, ils déterrent les cadavres des animaux et des hommes; la chair la plus infecte ne les dégoutent pas. Le chacal réunit l'impudence du chien à la bassesse du loup; en participant de la nature des deux, il semble n'être qu'un odieux composé de toutes les mauvaises qualités de l'un et de l'autre.

QUINZIEME LEÇON.
L'ISATIS.

L'ISATIS approche beaucoup du renard, il est commun dans toutes les terres du Nord voisines de la mer glaciale. Cet animal aime les lieux découverts et ne demeure pas dans les bois. Il se fait un terrier qu'il tient très-propre et dans lequel il porte de la mousse pour être plus à son aise; il vit de rats, de lievres et d'oiseaux, il a autant de finesse que le renard pour les attrapper; il se jette à l'eau et traverse les lacs pour chercher les nids des canards et des oies, il en mange les œufs et les petits, et n'a pour ennemi dans les climats déserts qu'il habite que le glouton qui lui dresse des embuches et l'attend au passage.

LE GLOUTON.

Le glouton gros de corps et bas de jambes est à peu-près de la forme d'un blaireau, il habite les terres voisines de la mer du Nord tant en Egypte qu'en Asie. Il n'a pas les jambes faites pour courir, il ne peut même marcher que d'un pas lent, mais la ruse supplée à la légereté qui lui manque, il attend les ani-

maux au passage ; il grimpe sur les arbres pour s'élancer dessus et les saisir avec
avantage, il se jette sur les élans et sur
les rennes, leur entame le corps et s'y
attache si fort avec les griffes et les dents,
que rien ne peut l'en séparer ; ces pauvres
animaux précipitent en vain leur course,
en vain ils se frottent contre les arbres,
et font les plus grands efforts pour se délivrer : l'ennemi assis sur leur croupe ou
sur leur cou continne à leur sucer le sang,
à creuser leur plaie, à les dévorer en détail avec le même acharnement, la même
avidité, jusqu'à ce qu'il les ait mis à mort.
Les gloutons sont très-adroits à la chasse
des cerfs, et voici la maniere dont ils s'y
prennent pour les tuer. Ils montent sur un
arbre avec quelque brins de cette mousse
que ces animaux ont coutume de manger ; lorsqu'ils en voient venir quelques-
uns, ils la laissent tomber à terre, et prenant le moment que le cerf s'approche
pour la manger ils s'élancent sur son dos
le saisissent par le bois, lui crevent les
yeux et le tourmentent si fort, que ce
malheureux animal pour mettre fin à ses
peines et pour se débarasser de son ennemi, se heurte la tête contre un arbre
et tombe mort sur la place. Il n'est pas
plutôt à bas que le glouton le dépece par
morceaux, cache sa chair dans la terre

pour empêcher que les autres animaux ne la mangent, il n'y touche point qu'il ne l'ait mise en sûreté.

Il est, dit-on, inconcevable combien de tems le glouton peut manger de suite, et combien il peut dévorer de chair en une seule fois. Le glouton est beaucoup plus vorace qu'aucun de nos animaux de proie, aussi l'appelle-t-on le *vautour des quadrupèdes* : plus insatiable, plus déprédateur que le loup, il détruiroit tous les autres animaux s'il avoit plus d'agilité ; mais il est réduit à se traîner pésamment, et le seul animal qu'il puisse prendre à la course est le castor, duquel il vient aisément à bout, et dont il attaque quelquefois les cabanes pour le dévorer avec ses petits lorsqu'ils ne peuvent assez tôt gagner l'eau, car le castor le devance à la nage, le glouton qui voit échapper sa proie, se jette sur le poisson, et lorsque toute chair vivante vient à lui manquer, il cherche les cadavres, les déterre, les dépece, et les devore jusqu'aux os. Cet animal qui vit dans les déserts et qui ne connoit point la force ni les armes de l'homme, vient à lui ou s'en laisse approcher avec sécurité à l'exemple du lion qui ne se détourne pas de l'homme, à moins qu'il n'ait éprouvé la force de ses armes

Le glouton se prive aisément, il est doux, il craint l'eau, il a peur des chevaux et des hommes habillés de noir. Quand il a bien mangé, il cache le reste dans sa cage et le couvre de paille. En buvant, il lape comme un chien. Il est rare de le voir tranquille parce qu'il se remue toujours.

L'isatis moins fort, mais plus léger que le glouton, lui sert de pourvoyeur ; celui-ci le suit à la chasse, et souvent lui enleve sa proie avant qu'il ne l'ait entamée, au moins il la partage, car au moment ou le glouton arrive, l'isatis pour n'être pas mangé lui-même abandonne ce qui lui reste à manger ; ces deux animaux se creusent également des terriers, mais leurs autres habitudes sont différentes ; l'isatis va souvent par troupes, le glouton marche seul ou quelquefois avec sa femelle, on les trouve ordinairement ensemble dans leur terrier. Les chiens mêmes les plus courageux, craignent d'approcher et de combattre le glouton, il se défend des pieds et des dents et leur fait des blessures mortelles, mais comme il ne peut échapper par la fuite, les hommes en viennent aisément à bout.

H 5

LE KINKAJOU.

Cet animal dort le jour et il est très-vif la nuit. Il est assez caressant sans cependant être docile ; il connoit son maître et le suit. Il mange de tout, il se jette sur les volailles et les suce sous l'aile. Il a la queue prenante, et il s'en sert pour accrocher les différentes choses qu'il veut attirer à lui ; il se pend avec cette queue, et il s'attache de cette façon à tout ce qu'il rencontre. Cet animal habite la côte d'Afrique.

LES MOUFFÈTES.

On appelle en général mouffètes un genre d'animaux connus sous le nom de *bêtes puantes* parce qu'elles répandent une très-mauvaise odeur. Ils ressemblent aux putois de notre climat. Parmi ces animaux qui habitent l'Amérique méridionale, on distingue le *coase* qui vit dans des trous, des fentes de rochers où il éleve ses petits ; il vit de scarabées, de vermissaux, de petits oiseaux ; lorsqu'il peut entrer dans une basse-cour, il étrangle les volailles, desquelles cependant il ne mange que la cervelle ; lorsqu'il est effrayé ou irrité, il rend une odeur abominable : c'est pour cet animal un moyen sûr de défense, ni les hommes, ni les

chiens n'osent en approcher. Cet animal
se laisse apprivoiser, il ne mord point
et lorsqu'on lui donne à manger il se
laisse manier comme un petit chien. Il
creuse la terre avec son museau en s'ai-
dant des deux pattes de devant dont les
doigts sont armés d'ongles longs et recourbés. Celui que *Séba* a élevé se cachoit
pendant le jour dans une espèce de taniere
qu'il avoit faite lui-même, il en sortoit
le soir, et après s'être nettoyé, il com-
mençoit à courir, et couroit ainsi toute
la nuit à droite et à gauche aussi loin
que sa chaine lui permettoit d'aller; il
furetoit par-tout portant le nez en terre;
on lui donnoit chaque soir à manger, et
il ne prenoit de nourriture que ce qu'il
lui en falloit, sans toucher au reste. Il
n'aimoit ni la chair ni le pain, ni quantité d'autres nourritures, ses délices étoient
les panais jaunes, les chevrettes crues, les
chenilles et les araignées.

LA ZIBELINE.

La zibeline habite la Sibérie, elle ressemble à la marte. Cet animal est très-
agile, il est très-inquiet et remuant pendant la nuit; pendant le jour au contraire
sur-tout après avoir mangé, il dort ordinairement une demie-heure ou une heure.
Les zibelines habitent le bord des fleuves,

H 6

les lieux ombragés et les bois les plus épais ; elles sautent très-agilement d'arbres en arbres et craignent fort le soleil. On prétend qu'elles se cachent et qu'elles sont engourdies pendant l'hiver. Elles vivent de rats, de poissons, de graines de pin et de fruits sauvages.

LE LÉMING.

Cet animal ressemblé à une souris ; quoiqu'il ait le corps épais, et les jambes fort courtes, il ne laisse pas de courir fort-vîte ; il habite ordinairement les montagnes de Norwege et de Lapponie.

Lorsque les lémings descendent des montagnes ; on regarde leur arrivée comme un fléau terrible et dont il est impossible de se délivrer ; ils font un dégât affreux, dans les campagnes, dévastent les jardins, ruinent les moissons et ne laissent que ce qui est serré dans les maisons où heureusement ils n'entrent point ; ils aboient a peu près comme des petits chiens : lorsqu'on les frappe avec un bâton, ils se jettent dessus et le tiennent si fort avec les dents, qu'ils se laissent enlever et transporter à quelque distance sans vouloir le quitter ; ils se creusent des trous sous terre et vont comme les taupes manger les racines ; ils s'assemblent dans certains tems et marchent pour ainsi-dire tous ensemble, ils sont très-courageux et se défendent contre les autres animaux ; ils meurent infailliblement au renouvellement des herbes ; ils vont aussi en grandes troupes sur l'eau dans le beau tems, mais s'il vient un coup de vent ils sont tous submergés.

LA SARICOVIENNE.

La saricovienne se trouve le long de la rivière de la Plata, elle est d'une nature amphibie, demeurant plus dans l'eau que sur la terre. Cet animal est grand comme un chat, il a des membranes aux doigts des pieds. Son cri est à peu-près celui d'un jeune chien, il vit de crabes et de poissons, mais on peut aussi le nourrir avec de la farine de manioc délayée dans de l'eau.

SEIZIEME LEÇON.
LES PHOQUES
ET LES CÉTACÉES.

LES Phoques sont des animaux amphibies à quatre pieds qui forment la nuance entre les quadrupèdes et les cétacés. Cet amphibie quoique d'une nature très-éloignée de celle de nos animaux domestiques, ne laisse pas d'être susceptible d'une sorte d'éducation ; on le nourrit en le tenant souvent dans l'eau, on lui apprend à saluer de la tête et de la voix, il s'accoutume à celle de son maître, il vient lorsqu'il s'entend appeller, et donne plusieurs autres signes d'intelligence et de docilité. Les Phoques vivent en société ou du moins en grand nombre dans les mêmes lieux. Leur climat naturel est le Nord, quoiqu'ils puissent vivre aussi dans les zones tempérées et même dans les climats chauds. Les phoques s'entendent, s'entraident et se secourent mutuellement, les petits reconnoissent leur mère au milieu d'une troupe nombreuse, ils entendent sa voix et dès qu'elle les appelle, ils arrivent à elle sans se tromper. En général ces animaux sont peu craintifs, ils sont même courageux. Le bruit du tonnerre

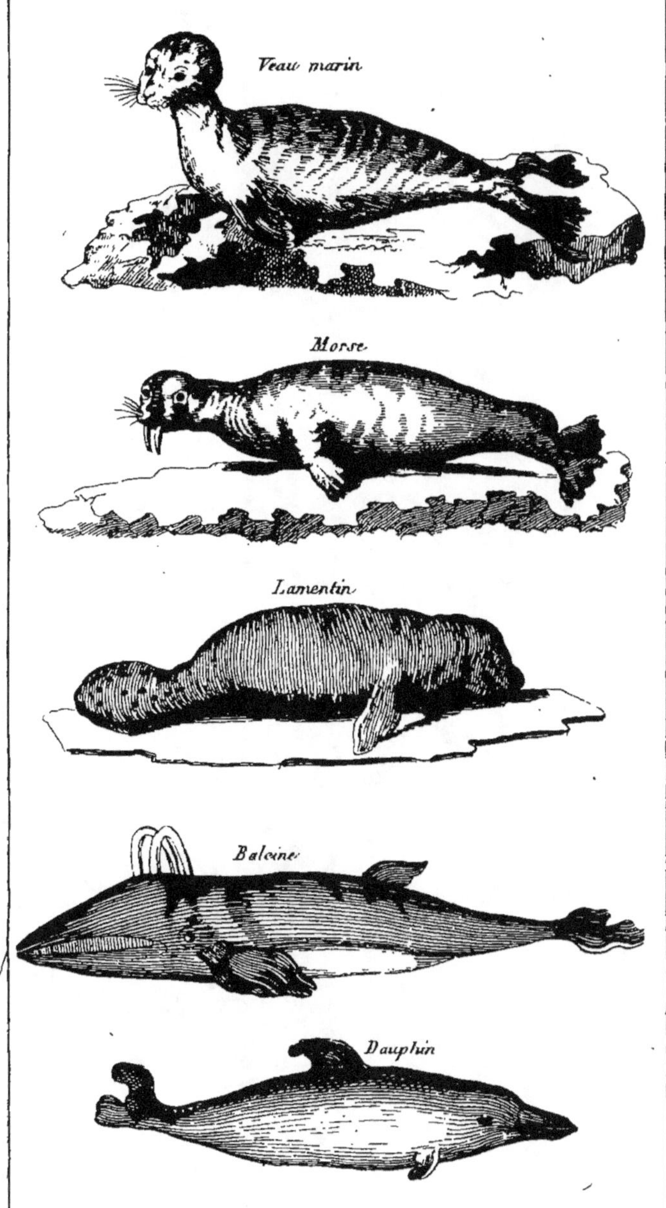
Veau marin
Morse
Lamentin
Baleine
Dauphin

les réjouit, il viennent alors à terre, et reçoivent la pluie avec plaisir ; lorsqu'on les poursuit ils lâchent leurs excrémens qui sont d'une odeur abominable ; ils dorment beaucoup et d'un sommeil profond.

Le *morse* ou la *vache marine* a les mêmes habitudes que les phoques. Il a comme l'éléphant deux grandes défenses d'ivoire qui sortent de la machoire supérieure. Quand les morses sont en grand nombre, ils deviennent si audacieux que pour se secourir les uns les autres, ils entourent les chalouppes, cherchent à les percer avec leurs dents ou à les renverser en frappant contre le bord. Le morse vit de proie comme le phoque, sur-tout de harangs et d'autres petits poissons.

Le *lamentin* fait la derniere nuance des quadrupèdes avec les cétacés, car il n'a que deux pieds de devant fort courts, aussi ne quitte-t-il jamais l'eau comme les phoques, il préfere le séjour des eaux douces à celui de l'eau salée.

Le naturel et les mœurs des lamentins semblent tenir quelque chose de l'intelligence et des qualités sociales ; ils ne craignent pas l'aspect de l'homme, ils affectent même de s'en approcher et de le suivre avec confiance et sécurité. Ils se tiennent presque toujours en troupes et serrés les uns contre les autres avec leurs petits au milieu d'eux, comme pour les préserver de tout accident ; tous se prêtent dans le danger des secours mutuels : on en a vu essayer d'arracher le harpon du corps de leurs compagnons blessés, et souvent l'on voit les petits suivre de près, les cadavres de leurs meres jusqu'au rivage où les pêcheurs les amenent en les tirant avec des cordes.

Il paroît que le lamentin peut s'apprivoiser ; on en a vu un à St. Domingue que l'on a nourri dans un lac pendant 26 ans, il étoit si doux et si privé, qu'il prenoit doucement la nourriture qu'on lui présentoit, qu'il entendoit son nom, et que quand on l'appelloit, il sortoit de l'eau et se traînoit en rampant jusqu'à la maison pour y recevoir sa nourriture ; qu'il sembloit se plaire à entendre la voix humaine et le chant des enfans, qu'il n'en avoit nulle peur, qu'il les laissoit asseoir sur son dos et qu'il les passoit du bord d'un lac à l'autre sans se plonger dans l'eau et sans leur faire aucun mal. Ce fait paroit douteux à *Buffon* attendu que le lamentin ne peut absolument se traîner sur la terre.

L'OURS MARIN.

On rencontre l'ours marin en troupes nombreuses dans la mer du Kamtschatka et sur les isles inhabitées qui sont entre l'Asie et l'Amérique. Ces animaux qui sont amphibies vivent en familles isolées. Chaque mâle a communement huit à dix femelles, quelquefois quinze ou vingt, il est fort jaloux et les garde avec grand soin ; il se tient ordinairement à la tête de sa famille qui est composée de ses femelles et de leurs petits des deux sexes. Chaque famille comme je l'ai dit, se tient séparée, et quoique ces animaux soient par milliers dans de certains endroits, les familles ne se mêlent jamais, et chacune forme une petite troupe à la tête de laquelle est le chef mâle qui les régit en maître ; cependant il arrive quelquefois qu'ils se battent, le chef d'une autre famille arrive au combat pour protéger un de ceux qui sont aux prises, et alors la guerre devient plus générale, et le vainqueur s'empare de toute la famille des vaincus qu'il réunit à la sienne.

Ces animaux qui paroissent trés-féroces et qui ne craignent que le lion marin, ne sont cependant ni dangereux, ni redoutables, ils ne cherchent pas même à se défendre contre l'homme. Ils paroissent aimer passionnement leur femelle ; si un étranger de leur espèce vient à bout d'en enlever un individu, ils en témoignent leur regret en versant des larmes ; ils en versent encore lorsque quelqu'un de leur famille, qu'ils ont maltraité, se rapproche et vient demander grace. Le mâle semble être en même tems un bon père de famille, et un chef de troupe impérieux et jaloux de conserver son autorité et qui ne permet point qu'on lui manque. Lorsqu'il devient vieux, il abandonne sa famille et se retire pour vivre solitaire. L'ennui ou le regret semble rendre les solitaires plus féroces, car les vieux mâles retirés ne témoignent aucune crainte et ne fuient pas comme les autres à l'aspect de l'homme. Les femelles plus timides que les mâles ont un si grand attachement pour leurs petits, que même dans les plus pressans dangers elles ne les abandonnent qu'après avoir employé tout ce qu'elles ont de force et de courage pour les en garantir et les conserver, et souvent quoique blessées, elles les emportent dans leur gueule pour les sauver. Leurs voix et leurs cris varient selon qu'ils sont affectés par le plaisir ou par la douleur. Ils vivent de poissons, ils se familiarisent aisément avec les hommes.

LE LION MARIN.

Le lion marin est une espèce d'animal amphibie que l'on trouve sur les côtes des terres Magellaniques ainsi que dans les mers du Nord, ils vont en grandes familles comme les ours marins, mais moins nombreuses, ils ont à-peu-près les mêmes mœurs; les lions marins quoique plus grands et plus forts que les ours marins sont plus timides, jamais ils n'attaquent ni n'offensent, ils se défendent rarement lorsqu'on les frappe, ils fuient en gémissant.

Quoique ces animaux soient d'un naturel brut et assez sauvage, il paroit cependant qu'à la longue, ils se familiarisent avec l'homme. Ils ont des combats entre les différentes familles, ils se battent pour conserver la place que chaque mâle occupe sur une grosse pierre qu'il a choisie pour domicile, et lorsqu'un autre mâle vient pour l'en chasser, le combat commence et ne finit que par la fuite ou par la mort du plus foible. Les femelles ne se battent jamais ni entre elles, ni avec les mâles, elles semblent être dans une dépendance absolue du chef de la famille; elles sont bien moins attachées à leurs petits que les femelles des ours marins

LES CÉTACÉS.

On donne le nom de *cétacés* aux animaux de la mer d'une grandeur démesurée, et qu'on a mal-à-propos confondu long-tems avec les poissons; ils en différent en ce qu'ils s'accouplent à la maniere des quadrupèdes, qu'ils sont vivipares et qu'ils allaitent leurs petits. On place parmi les cétacés les différentes espèces de baleines et de dauphins; Ces animaux ont presque tous des évents par lesquels ils font jaillir l'eau à une certaine hauteur pour respirer; c'est ce qui leur a fait donner le nom de *souffleurs*.

LA BALEINE FRANCHE
OU DE GROENLAND.

Cette baleine à l'ouie extrêmement fine, et reconnoit de fort loin le danger qui la menace. Elle a un instinct naturel et convenable à sa sûreté, qui est de se tenir volontiers cachée sous la glace; mais comme elle ne peut vivre long-tems sans respirer, puisqu'elle a des poumons comme les quadrupèdes, elle cherche des endroits où la lumiere traverse la glace, et où par conséquent elle est la plus mince; elle fait en ces endroits des efforts, et quoique la glace ait encore souvent un mètre d'épaisseur, elle la rompt avec sa tête pour respirer un nouvel air. Sans cette ressource, elle seroit dans la nécessité de sortir chaque fois des glaces et de s'exposer aux poursuites de ses ennemis. Cet animal ne se sert de ses nageoires qui sont arti-

culées comme la main de l'homme que
pour tourner dans l'eau ; mais la femelle
en fait aussi usage lorsqu'elle est en fuite
pour entraîner avec elle ses petits en les
entrelassant entre les ailes saillantes de sa
queue.

La machoire supérieure des baleines est
garnie des deux côtés de fortes barbes qui
s'ajustent obliquement dans les barbes
d'en bas comme dans un foureau ; ces
barbes sont garnies de plusieurs appendi-
ces qui servent à prendre et à contenir
comme dans un filet les cancres , les pla-
norbes et les insectes marins que les cétacés attirent pour en faire leur nourriture,
et qu'ils écrasent entre les feuilles de ces
barbes.

Les baleines ne font qu'un petit à la
fois, il est rare qu'elles en aient deux ;
elles en ont un soin particulier ; elles l'emportent avec elles lorsqu'on les poursuit,
elles ne le quittent pas même étant blessées. On a remarqué que quand elles se
plongent au fond de l'eau où elles pourroient rester pendant plus d'une demie-
heure sans revenir prendre l'air, elles remontent plutôt malgré le danger , parce
qu'elles sentent que leur petit ne peut
pas rester si long-tems sans respirer.

La baleine franche a un caractere pacifique, elle ne fait de mal à personne à

moins qu'elle ne soit provoquée : sa seule arme offensive est une queue musculeuse où réside sa force principale.

Le narwal à une antipathie décidée ponr la baleine franche ; ces deux céta-cés ne se rencontrent jamais sans se battre. La baleine a encore pour ennemi l'ours blanc, la scie, l'épée, le sigan, espéce de poisson qui s'insinue dans ses évents et lui donne la mort par ses piquures ; une sorte de ver testacé qu'on appelle *pou de baleine*. Les deux extrémités de la coquille de ce ver forment une ouverture par où il passe ses bras avec de longs poils qui servent à piquer la baleine, et à se nourrir de sa graisse ; cet animal se loge sous les nageoires et dans les oreilles de la baleine : lorsqu'il est étendu il a l'air d'un polype de mer. Les baleines approchent quelquefois du rivage et elles élevent leur dos au-dessus de l'eau afin que les grolles et les moettes oiseaux aquatiques puissent enlever ces vers qui les incommodent.

LE NORD-CAPER.

Cette espèce de baleine habite la mer du nord ; elle prend son poste à la pointe du cap-nord à cause des troupes prodigieuses de harangs qui cottoient la Norwege en descendant du Nord. Quand cette baleine est tourmentée par la faim, elle a l'adresse de rassembler les harangs et de les chasser devant elle vers la côte : lorsqu'elle a ramassé dans un endroit serré autant de harangs qu'il lui a été possible, elle sait exciter par un coup de queue donné à propos un tourbillon très-rapide, ensorte que les harangs étourdis et comprimés entrent par tonneaux dans son énorme gueule qu'elle tient ouverte en aspirant continuellement l'eau et l'air ; elle fait la même chose à l'égard des maqueraux et des sardines.

LA LICORNE DE MER
OU LE NARWAL.

Ce formidable cétacé est armé d'une défense de la nature des dents qui est en spirale et comme tordue dans toute sa longueur ; cette défense est longue de deux mètres et deux décimètres et plus, (sept pieds et davantage) elle sort de la gueule et se dirige en avant. Ces baleines sont d'excellens nageurs, leur queue leur sert de rame et les fait avancer avec une vitesse étonnante ; on auroit de la peine à les attraper, si elles ne se réunissoient pas en troupes aussi-tôt qu'on les attaque ; elles se serrent alors de si près en mettant leurs défenses les unes sur les autres, qu'elles s'embarrassent et s'empêchent par là même de plonger et de s'échapper. Nous avons dit que le narwal étoit l'ennemi déclaré de la baleine franche.

LES CACHALOTS

OU PETITES BALEINES.

Les cachalots sont de l'espèce des baleines qui ont des dents ; c'est toujours vers le cap du Nord qu'habitent ces sortes de baleines. Un capitaine de vaisseau atteste avoir vû arriver un jour du côté du Groenland une grande troupes de cachalots, à la tête de laquelle il y en avoit un de 33 mètres (cent pieds) de long qui paroissoit être le conducteur, et qui à l'aspect du vaisseau, avoit fait un bruit si terrible en soufflant l'eau, que le vaisseau en avoit tremblé pendant quelque tems, qu'à ce signal toute la troupe s'étoit sauvée avec précipitation. Ces espèces de baleines sont plus agiles et plus sauvages que la baleine franche, aussi sont-elles fort difficiles à attrapper. Quelquefois elles sont jettées à la côte par la tempête ; tel est le cachalot qui en 1761 vint aborder près de saint-Pô dans les environs de Calais.

Les cachalots donnent la chasse aux phoques , aux dauphins , aux Cyclopteres et aux baleines à bec.

Le

Le *grand cachalot* poursuit avec acharnement le requin dont il fait sa nourriture ordinaire, et cet animal d'ailleurs si formidable est saisi d'une telle frayeur à la vue de cet ennemi terrible, qu'il va se cacher dans la terre ou sous le sable pour se soustraire à sa dent meurtriere. Quelquefois se voyant assailli de toutes parts, il se précipite à travers les rochers et se frappe avec tant de violence, qu'il se donne lui même la mort, tant est grande la terreur dont il est pénétré; cet effroi va même si loin, que ce chien de mer qui recherche avec tant d'avidité les cadavres des autres cétacés, n'ose pas même s'approcher de celui du grand cachalot.

Le *cachalot microps* n'attaque guères que les phoques qui prennent la fuite aussi-tôt qu'ils l'ont apperçu; les uns gagnent avec précipitation le rivage, les autres grimpent sur les glaçons; alors si le cachalot est seul, il se cache sous les glaces, et attrappe les phoques à mesure qu'ils redescendent dans l'eau; et lorsqu'il y a plusieurs cachalots réunis, ce qui arrive communément, ils entourent le glaçon, le renversent, et se saisissent de leur proie.

LES DAUPHINS.

Les dauphins sont mis au rang des cétacés; on voit ordinairement ces animaux nager par troupe ou seulement deux à deux. Les Grecs disent qu'ils font des migrations, qu'ils vont de la Méditerranée vers le Nord, qu'ils restent quelque tems au Pont-Euxin, et qu'ils reviennent ensuite d'où ils sont partis. Lorsqu'on les voit s'agiter à la surface de l'eau et pour ainsi-dire se jouer sur la mer, on en tire l'augure d'une tempête. On a beaucoup parlé de l'amour que les dauphins ont pour les hommes, et de leur goût prétendu pour la musique; s'ils suivent les vaisseaux, c'est plutôt poussés par la gourmandise, pour se saisir de ce que l'on en jette que par attachement pour l'homme, aussi les attrape-t-on avec un morceau de viande mis au bout d'un hameçon.

Les dauphins, ainsi que tous les animaux souffleurs, ont pour arme offensive et défensive, indépendamment de leur queue, la faculté de lancer à six mètres de distance (environ vingt pieds) deux jets d'eau dans les yeux de leur ennemi, ce qui l'aveugle pour un moment, et trouble l'eau. Si le dauphin est le plus foible des deux combattans, il en profite pour s'enfuir et éviter le danger qui le menace.

. Les dauphins vivent de morues, d'égre-
fins et de beaucoup d'autres poissons d'une
grandeur médiocre.

L'espèce de dauphin appellé *épaulard*
attaque même les grosses baleines, il les
met en fuite, et il est cause qu'elles
viennent quelquefois échouer sur nos côtes.

Le *marsouin* est une espèce de dauphin; ces cétacés vont en troupe, nagent
de front, et font des bonds singuliers
sur l'eau; ils semblent prendre une sorte
de divertissement: ils suivent les vaisseaux pour profiter des débris de la cuisine qu'on jette à la mer.

DIX-SEPTIEME LEÇON.

LES SINGES.

On a donné le nom de singes à plusieurs animaux qui ont cependant entre-eux des différences bien marquées. Il faut donc distinguer 1°. les singes proprement dits, dont la face est applattie, dont les dents, les mains, les doigts et les ongles ressemblent à ceux de l'homme, et qui comme lui marchent debout sur leurs deux pieds, ils n'ont point de queue; tels sont le *orang-outang*, le *pithèque* et le *gibbon*. 2°. Les babouins qui ont la queue courte, la face allongée à museau large et relevé; tel est le *papion*, le *babouin* proprement dit et le *mandrill*. Le *magot* tient le milieu entre les singes et les babouins. 3°. Les *guenons* qui ont de longues queues aussi longues et plus longues que le corps. 4°. Les *sapajous*. 5°. Les *sagouins*.

Le *singe* que l'on a regardé comme un être fort difficile à définir, dont la nature étoit au moins équivoque et moyenne entre celle de l'homme et celle des animaux, n'est dans la vérité qu'un pur animal portant à l'extérieur un masque de figure humaine, mais dénué à l'intérieur de la pensée et de tout ce qui fait l'homme, un

Orang-outang Jocko.
Grand Gibbon.
Grand Papion
Magot.
Coaita
Sajou Nègre

animal au-dessous de plusieurs autres par les facultés relatives et encore essentiellement différent de l'homme par le naturel, par le tempérament, et aussi par la mesure du tems nécessaire à l'éducation, à la gestation, à l'accroissement du corps, à la durée de la vie, c'est-a-dire par toutes les habitudes réelles qui constituent ce qu'on appelle *nature* dans un être particulier.

LES ORANG-OUTANGS
OU LE PONGO ET LE JOCKO.

L'orang-outang que *Buffon* a observé, marchoit toujours debout sur ses deux pieds, même en portant des choses lourdes; son air étoit assez triste, sa démarche grave, ses mouvemens mesurés, son naturel doux et très-différent de celui des autres singes; il n'avoit ni l'impatience du magot, ni la méchanceté du babouin, ni l'extravagance de la guenon; le signe et la parole suffisoient pour faire agir notre orang-outang. J'ai vû, dit *Buffon*, cet animal présenter la main pour reconduire les gens qui venoient le visiter, se promener gravement avec eux et comme de compagnie, je l'ai vû s'asseoir a table, déployer sa serviette, s'en essuyer les levres, se servir de la cuiller et de la fourchette pour porter à sa bouche, verser lui-même sa boisson dans un verre, le choquer lorsqu'il y étoit invité, aller prendre une tasse et une soucoupe, l'apporter sur la table, y mettre du sucre, y verser du thé, le laisser réfroidir pour le boire, et tout cela sans autre instigation que les signes ou la parole de son maître, et souvent de lui-même. Il ne faisoit de mal à personne, s'approchoit même avec circonspection et se présentoit comme pour demander des caresses, il aimoit prodigieusement les bonbons, il mangeoit presque de tout, seulement il préféroit les fruits mûrs et secs à tous les autres alimens; il buvoit du vin mais en petite quantité, et le laissoit volontiers pour du lait, du thé, ou d'autres liqueurs douces. Il paroit d'après le récit des voyageurs que les orang-outangs qui n'ont pas été éduqués font à-peu-près les mêmes choses que celui dont *Buffon* à suivi les actions.

Les orang-outangs sont extrêmement sauvages, mais il paroit qu'ils sont peu méchans, et qu'ils parviennent assez promptement à entendre ce qu'on leur commande. Leur caractere ne peut se plier à la servitude, ils y conservent toûjours un fond d'ennui et de mélancolie profonde, qui dégénérant en une espèce de consomption ou de marasme doit bientôt terminer leurs jours.

On a remarqué que la femelle du orang-outang avoit beaucoup de pudeur et qu'elle évitoit les regards trop curieux.

LE PITHÈQUE.

Cet animal est le plus doux et le plus docile de tous les singes, il a beaucoup d'esprit et de malice ; les pithèques vivent d'herbes, de bled et de toutes sortes de fruits qu'ils vont en troupe dérober dans les jardins ou dans les champs ; mais avant que de sortir de leur fort, il y en a un qui monte sur une éminence, d'où il découvre toute la campagne, et quand il ne voit paroître personne, il fait signe aux autres par un cri pour les faire sortir et ne bouge de-là, tandis qu'ils sont dehors ; mais si-tôt qu'il voit venir quelqu'un il jette de grands cris, et sautants d'arbres en arbres tous se sauvent dans les montagnes ; quand ils deviennent farouches ils mordent, mais pour peu qu'on les flatte, ils s'apprivoisent aisément, et font alors des choses incroyables, imitant l'homme en tout ce qu'ils voient.

Ils sont craintifs, n'oublient qu'avec peine les mauvais traitemens qu'ils ont essuyés ; mais ils reconnoissent ceux qui leur font du bien, ils les carressent, les appellent, les flattent par des cris et des gestes fort expressifs : ils leurs donnent même des signes d'attachement et de fidélité, ils les suivent comme un chien sans jamais les abandonner. Ils se plaisent à mal-faire, et brisent tout ce qui se rencontre, sans qu'on puisse les en corriger, quelque châtiment qu'on leur inflige.

LE GIBBON.

Le gibbon se tient toujours debout, ses bras sont aussi longs que son corps; ce singe qui est originaire des Indes orientales est d'un naturel tranquille et de mœurs assez douces; ses mouvemens ne sont ni trop brusques ni trop précipités; il prend doucement lorsqu'on lui donne à manger; on le nourrit de pain, de fruits et d'amendes.

LE MAGOT.

Le magot observé par *Buffon* étoit toujours triste et souvent maussade, il faisoit également la grimace pour marquer sa colère ou montrer son appétit : ses mouvemens étoient brusques, ses manieres grossieres, et sa physionomie encore plus laide que ridicule; pour peu qu'il fût agité de passions, il montroit et grinçoit les dents en remuant la machoire; il remplissoit les poches de ses joues de tout ce qu'on lui donnoit, et il mangeoit généralement de tout à l'exception de la viande crue, du fromage et d'autres choses fermentées : il aimoit à se jucher pour dormir, sur un barreau, sur une patte de fer. On le tenoit toujours à la chaîne, parceque malgré sa longue domesticité, il n'en étoit pas plus civilisé, pas plus attaché à ses maîtres. Ceux qui sont mieux éduqués, sont plus obéissans, plus gais et assez dociles pour apprendre à danser, gesticuler, etc.

LE PAPION ou BABOUIN
proprement dit.

Le papion est le plus impudent et le plus lubrique des animaux; quoiqu'il ne soit point hideux, cependant il fait horreur, grinçant continuellement les dents, s'agitant, se débattant avec colere, il est en un mot brusque, désobéissant et maussade ; assez fort et assez puissant pour venir aisément à bout d'un ou de plusieurs hommes, s'ils n'étoient point armés. Les babouins quoique méchans et féroces, ne sont pas du nombre des animaux carnassiers, ils se nourrissent principalement de fruits, de racines et de grains ; ils se réunissent et s'entendent pour piller les jardins, ils se jettent les fruits de main en main et par dessus les murs, et font de grand dégâts dans toutes les terres cultivées. Malgré leur grande force, il est aisé de les priver. On dit qu'au Cap de bonne Espérance on s'en sert quelquefois comme de chiens de garde. Lorsqu'on les frappe, ils poussent des soupirs et des gémissemens accompagnés de larmes.

LE MANDRILL.

Cette espèce de babouin est d'une laideur désagréable et dégouttante, il est plus grand et peut-être plus fort que le papion, mais il est en même tems plus tranquille et moins féroce, il est presque aussi lubrique que lui.

L'OUANDEROU
ET LE LOWANDO.

Ces deux babouins sont de la même espèce; lorsqu'ils ne sont pas domptés, ils sont si méchans qu'on est obligé de les tenir dans une cage de fer où souvent ils s'agitent avec fureur; mais lorsqu'on les prend jeunes, on les apprivoise aisément, et ils paroissent même être plus susceptibles d'éducation que les autres babouins. Les Indiens se plaisent à les instruire, et ils prétendent que les autres singes, c'est-à-dire les guenons, respectent beaucoup ces babouins qui ont plus de gravité et d'intelligence qu'elles. Dans leur état de liberté, ils sont extrêmement sauvages et se tiennent dans les bois. Ceux qui sont tout blancs sont les plus forts et les plus méchans de tous.

LE MAIMON.

Le maimon fait la nuance entre les babouins et les guenons ; quoique très-vif et plein de feu, il n'a rien de la pétulance impudente des babouins ; il est doux, traitable et même caressant. On le trouve à Sumatra.

LE MACAQUE
ET L'AIGRETTE.

Ces deux animaux ne diffèrent entre-eux que par une espèce d'épis de poil que porte sur la tête celui que nous nommons *aigrette*. Ils ont tous deux les mœurs douces et sont assez dociles ; mais indépendamment d'une odeur de fourmi ou de faux-musc qu'ils répandent autour d'eux, ils sont si mal-propres, si laids, et même si affreux, lorsqu'ils font la grimace, qu'on ne peut les regarder sans horreur et sans dégoût. Ces guenons vont souvent par troupes et se rassemblent, sur-tout pour voler des fruits et des légumes. *Bosman* raconte qu'elles prennent dans chaque patte un ou deux pieds de milhio, autant sous leurs bras, et autant dans leur bouche, qu'elles s'en retournent ainsi chargées , sautant continuellement sur les pattes de derriere , et que quand on les poursuit , elles jettent les tiges de milhio qu'elles tenoient dans les mains et sous les bras , ne gardant que celles qui sont entre leurs dents , afin de pouvoir fuir plus vîte sur leurs quatre pieds. Au reste, ajoute ce voyageur , elles examinent avec la derniere exactitude chaque tige de milhio qu'elles arrachent , et si elles ne leur plait pas , elles la rejettent à terre et en arrachent d'autres, ensorte que par leur bisarre délicatesse, elles causent beaucoup plus de dommage encore que par leurs vols. Cette espèce est originaire du Congo et des autres parties de l'Afrique méridionale.

LE PATAS.

Ces guenons sont du même pays que le macaque, elles sont moins adroites que les autres guenons , et en même tems très curieuses ; elles descendent du haut des arbres jusqu'à l'extrémité des branches pour admirer les barques à leur passage ; elles les considerent quelque tems, et paroissant s'entretenir de ce qu'elles ont vû , elles abandonnent la place à celles qui arrivent après ; on en voit qui sont si familieres qu'elles jettent des branches aux hommes qui passent. Si on les tire et qu'on les blesse, elles poussent des cris affreux ; d'autres ramassent des pierres pour les jetter à leur ennemis, quelques-unes se vident le ventre dans leurs mains, et s'efforcent d'envoyer ce présent aux spectateurs.

Ces sortes de guenons font beaucoup de dégâts dans les champs ; l'une d'elles demeure en sentinelle sur un arbre, écoute et regarde de tous côtés pendant que les autres font la récolte. Dès qu'elle apperçoit quelqu'un, elle crie comme une enragée, pour avertir les autres, qui, au signal s'enfuient avec leur proie, sautant d'un arbre à l'autre avec beaucoup d'agilité.

LE BLANC-NEZ.

Cette guenon s'apprivoise aisément, elle est extrêmement familiere avec tout le monde ; on ne se lasse point de jouer avec elle, parceque jamais singe n'a joué de meilleure grace; elle ne déchire ni ne gâte jamais rien, si elle mord c'est en badinant et sans faire de mal ; cependant elle n'aime point qu'on l'interrompe quand elle mange, ni qu'on se moque d'elle, alors elle se met en colere, mais elle dure peu et elle ne garde pas de rancune. Cet animal est d'une légereté étonnante, et tous ses mouvemens sont

si prestes qu'elle semble voler plutôt que
sauter.

LE MALBROUCK
ET LE BONNET-CHINOIS.

Ces deux guenons ou singes à longue
queue paroissent être de la même espèce,
ils habitent le Bengale : ils ont les mêmes
inclinations pour voler que les autres singes, et prennent les mêmes précautions
pour être averti du danger que courent
toujours les voleurs d'être surpris. Ces
animaux ne s'apprivoisent qu'à demi, il
faut toujours les tenir a la chaîne. Lorsque les fruits et les plantes succulentes
telles que les cannes à sucre leurs manquent, ils mangent des insectes, et quelquefois ils descendent sur les bords des
fleuves et de la mer pour attraper des
poissons et des crabes : ils mettent leur
queue entre les pinces des crabes, et dès
qu'elles serrent, ils l'enlevent brusquement, et l'emportent pour le manger à
leur aise. Ils cueillent les noix de cocos,
et savent fort bien en tirer la liqueur
pour la boire et le noyau pour le manger. On les prend par le moyen de ces
noix de cocos où l'on fait une petite ouverture ; ils y fourent la patte avec peine,
parce que le trou est étroit, et les gens
qui sont à l'affut les prennent avant qu'ils

ne puissent se dégager. Dans les provinces de l'Inde habitées par les Bramans, qui, comme l'on sait, épargnent la vie de tous les animaux, les singes plus respectés encore que tous les autres, sont en nombre infini ; ils viennent en troupes dans les villes, ils entrent dans les maisons à toute heure, en toute liberté, ensorte que ceux qui vendent des denrées, et sur-tout des fruits, des légumes, ont bien de la peine à les conserver. Il y a dans Amadabad capitale du Guzarate, deux ou trois hopitaux d'animaux, où l'on nourrit les singes estropiés, invalides, et même ceux qui sans être malades veulent y demeurer. Deux fois par sémaine, les singes de cette ville se rendent d'eux-mêmes, tous ensemble dans les rues, ensuite ils montent sur les maisons qui ont chacune une petite terrasse où l'on va coucher pendant les grandes chaleurs ; on ne manque pas de mettre ces deux jours-là sur ces petites terrasses du riz, du millet, des cannes de sucre dans la saison et autres choses semblables ; car si par hazard les singes ne trouvoient pas leurs provisions sur ces terrasses, ils romproient les tuiles dont le reste de la maison est couverte, et feroient grand désordre. Ils ne mangent rien sans le bien sentir auparavant, et lorsqu'ils sont repus, ils remplissent pour le lendemain les poches de leurs joues. Les oiseaux ne peuvent guéres nicher sur les arbres où il y a beaucoup de singes, car ils ne manquent jamais de détruire les nids et de jetter les œufs par terre. Les singes ne craignent ni le tigre, ni les autres bêtes féroces, ils leur énhappent aisément par leur agilité et leur légereté er par le choix de leur domicile au-dessus des arbres, où il n'y a que les serpens qui aillent les chercher et les surprendre.

LA MONE.

C'est la plus commune de toutes les guenons ou singes à longue queue; elle se trouve en Barbarie, en Arabie, en Perse et dans d'autres parties de l'Asie. En général les guenons sont d'un naturel beaucoup plus doux que les babouins, et d'un caractere moins triste que les singes; elles sont vives jusqu'à l'extravagance et sans férocité, car elles deviennent dociles dès qu'on les fixe par la crainte. La mone en particulier est susceptible d'éducation, et même d'un certain attachement pour ceux qui la soignent. Si elle s'échappe de la chaîne qui la retient, elle s'enfuit et se laisse aisément reprendre par son maître. Elle mange de tout, de la viande cuite, du pain, et surtout des fruits, elle cherche aussi les araignées, les fourmis, les insectes, et elle met en réserve dans ses abajoues ce qu'elle ne peut pas manger.

LES SAPAJOUS
ET LES SAGOUINS.

Les singes, les babouins et les guenons appartiennent à l'ancien continent, les sapajous et les sagouins sont habitans du nouveau monde. Les premiers ont la queue prenante, ils s'en servent comme d'un doigt pour saisir et prendre ce qui leur plait et pour s'accrocher aux branches des arbres : les seconds ont la queue velue, lâche et droite, ensorte qu'ils ne peuvent s'en servir en aucune maniere ni pour saisir ni pour s'accrocher.

Les sagouins tamarins se tiennent sur les arbres, ils ne sont pas peureux, ils ne fuient pas à l'aspect de l'homme, ils approchent même d'assez près les habitations ; ils ne courent presque pas à terre, mais ils sautent très-bien de branches en branches sur les arbres. Ils vont par troupes nombreuses et ont un petit cri ou sifflet fort aigu. Ils s'apprivoisent aisément, et néanmoins ce sont peut-être de tous les sagouins ceux qui s'ennuient le plus en captivité. Ils sont coleres et mordent quelquefois assez cruellement lorsqu'on veut les toucher. Ils mangent de tout ce qu'on leur donne; ils montent assez volontiers sur les épaules et sur la tête des personnes qu'ils connoissent et qui ne les tourmentent point en les touchant. Ils se plaisent beaucoup à prendre les puces aux chiens.

L'OUARINE et L'ALOUATE.

Ces animaux sont sauvages et méchans, on ne peut les apprivoiser ni même les dompter, ils mordent cruellement, et quoiqu'ils ne soient pas du nombre des animaux carnassiers et féroces, ils ne laissent pas d'inspirer de la crainte, tant par leur voix effroyable que par leur air d'impudence. Comme ils ne vivent que de fruits, de légumes, de graines et de quelques insectes, leur chair n'est pas mauvaise à manger, aussi les chasse-t-on. Ils connoissent plus particulierement que les autres animaux ceux qui leur font la guerre, et ils cherchent les moyens, quand ils sont attaqués, de se secourir et de se défendre. Lorsqu'on les approche, ils se joignent tous ensemble, se mettent à crier et à faire un bruit épouvantable, ils jettent aux chasseurs des branches seches qu'ils rompent des arbres, et quelquefois leurs excrémens; il ne s'abandonnent jamais, sautent d'arbres en arbres très-

subtilement, ils ne tombent jamais, parce qu'ils s'accrochent avec leur queue. Au
moment que l'un d'eux est blessé, on les
voit s'assembler autour de lui, mettre leur
doigt dans la plaie, et faire comme s'ils
vouloient la sonder; alors s'ils voient cou-
ler beaucoup de sang, ils la tiennent fermée, pendant que d'autres apportent quelques feuilles qu'ils mâchent et poussent
adroitement dans l'ouverture de la plaie.

LE COAITA et L'EXQUIMA.

Ces sapajous sont fort doux et fort
caressans, ils sont intelligens et très-
adroits; il vont de compagnie et se secourent; la queue leur sert également
d'une cinquieme main. On assure qu'ils
pêchent et prennent du poisson avec cette
longue queue. Ils ont l'adresse de casser
l'écaille des huitres pour les manger. Ils
se suspendent plusieurs les uns au bout
des autres, soit pour traverser un ruis-
seau, soit pour s'élancer d'un arbre à un
autre. Ils mangent du poisson, des vers,
des insectes, mais les fruits sont leur nourriture la plus ordinaire.

LE SAJOU.

Cet animal est très-vif, très-agile et
très-plaisant par son adresse et sa légereté; il est fantasque dans ses goûts et

ses affections; il paroit avoir une forte inclination pour certaines personnes et une grande aversion pour d'autres, et cela constamment. Les sajous font entendre un sifflement fort et monotone qu'ils répetent souvent, ils crient lorsqu'ils sont en colere et secouent très-vivement la tête. Ils vivent de fruits et de gros insectes dans l'état de liberté, mais ils mangent de tout ce qu'on leur donne, lorsqu'ils sont apprivoisés. Ils recherchent soigneusement les araignées dont ils sont très-friands. Ils se lavent souvent les mains, la face et le corps avec leur urine. Ils sont mal-propres, lascifs et indécens.

LE LAÏ.

Le laï est doux, docile et si craintif que son cri ordinaire qui ressemble à celui du rat, devient un gémissement dès qu'on le menace. Dans ce pays ci il mange des hannetons, des limaçons ; mais au Brésil son pays natal, il vit de graines et de fruits sauvages.

LE LORIS.

Cet animal differe du makis en ce qu'il n'a point de queue, il répand une très-mauvaise odeur; ses mouvemens sont très-lents. Il dort pendant tout le jour, et son premier soin en s'éveillant le soir est de manger, il ne boit jamais, et rejette les alimens qui ont trempé dans l'eau. Il aime les insectes, les petits oiseaux qu'il tue d'un coup de dent avec une prestesse singuliere et les mange goulument. Cet animal s'attache à son maître : les marques de sa sensibilité consistent à prendre le bout de la main et à le serrer contre son sein, en fixant ses yeux à demi - ouverts sur ceux de son maître.

DIX-HUITIEME LEÇON.
QUADRUPEDES OVIPARES,

LE nom de quadrupedes ovipares, en indiquant que leurs petits viennent d'un œuf, désigne la propriété remarquable qui les distingue des vivipares; ils different d'ailleurs de ces derniers en ce qu'ils n'ont point de mamelles, en ce qu'au lieu d'être couverts de poils, ils sont revêtus d'une croûte osseuse, de plaques dures, d'écailles aigues, de tubercules plus ou moins saillans, ou d'une peau nue et enduite d'une liqueur visqueuse. Au lieu d'étendre leurs pattes comme les vivipares, ils les plient et les écartent de maniere à être très-peu élevés au-dessus de la terre sur laquelle ils semblent plutôt devoir ramper que marcher. On ne doit cependant pas les mettre au nombre des reptiles. Cette dénomination n'appartient qu'aux serpens et aux animaux qui, presqu'entierement dépourvus de pieds, ne changent de place qu'en appliquant leurs corps même à la terre.

Les quadrupedes ovipares ont l'organe de la vue assez actif, celui de l'ouie foible, celui de l'odorat très-peu sensible, et celui du goût est le moindre de tous

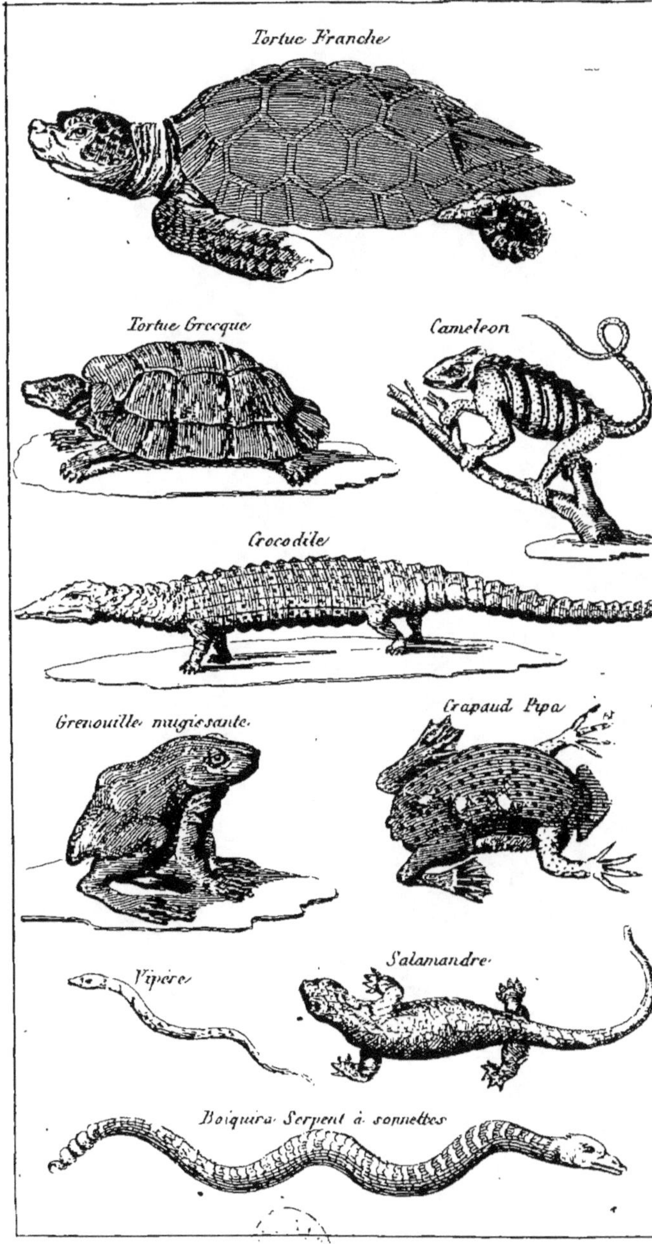
Tortue Franche
Tortue Grecque
Cameleon
Crocodile
Grenouille mugissante.
Crapaud Pipa
Vipère
Salamandre
Boiquira Serpent à sonnettes

leurs sens. C'est ce qui rend ces animaux froids et lents en comparaison des autres animaux. Tous les quadrupèdes ovipares changent de peau tous les ans, et quelques uns plusieurs fois par an. Leurs habitudes sont en général assez douces ; quoiqu'ils se réunissent souvent en grandes troupes, on ne peut pas dire qu'ils forment une vraie société.

LES TORTUES.

On distingue deux espèces de tortues, celles qui vivent dans la mer et les tortues d'eaux douces et de terre.

Les *tortues franches* de mer sont d'un naturel timide et tranquille, elles ne se recherchent point, mais elles se trouvent ensemble sans peine et y demeurent sans contrainte. Elles ne se réunissent point en troupe guerriere par un instinct carnassier pour s'emparer plus aisément d'une proie difficile à vaincre, mais conduites aux mêmes endroits par les mêmes goûts et les mêmes habitudes, elles conservent une union paisible. Rien de brillant dans les mœurs de la tortue non plus que dans les couleurs dont elle est variée ; mais ses habitudes sont aussi constantes que son enveloppe a de solidité ; plus patiente qu'agissante, elle n'éprouve presque jamais de desirs véhémens ; plus prudente que courageuse, elle se défend rarement; mais elle cherche à se mettre à l'abri, et elle emploie toute sa force à se cramponer lorsque, ne pouvant briser sa carapace (ou son écaille) on cherche a l'enlever avec cette couverture.

La constance de ces habitudes paroit se faire sentir jusques dans leurs amours; leur espèce de timidité les abandonne alors, ils deviennent, dit-on, comme furieux d'amour, aucun danger ne les arrête, et le mâle serre encore étroitement sa femelle, lorsque poursuivie par les chasseurs, elle est déja blessée à mort et perd tout son sang. La tortue femelle creuse dans le sable avec ses nageoires, et au-dessus de l'endroit où parviennent les plus hautes vagues, un ou plusieurs trous d'environ 3 décimètres de largeur et 6 décimètres de profondeur, elle y dépose ses œufs au nombre de plus de cent; uniquement occupée de ce cher dépôt, elle ne peut être troublée par aucune crainte, et comme si elle vouloit les dérober aux yeux de ceux qui les recherchent, elle les couvre d'un peu de sable, mais cependant assez légerement, pour que la chaleur du soleil puisse les échauffer et les faire éclore. C'est ordinairement pendant la nuit qu'elle dépose ses œufs.

La *couane* espèce de tortue de mer à
l'air

l'air plus fier que les autres tortues, étant plus grande et ayant plus de force, elle est plus hardie; elle est même vorace, elle ose se jetter sur les jeunes crocodiles qu'elle mutile facilement. On assure que pour attaquer avec plus d'avantage ces grands quadrupedes ovipares, elle les attend dans le fond des creux situés le long des rivages où les crocodiles se retirent, et où ils entrent à reculons, parce que la longueur de leur corps ne leur permettroit pas de se retourner, et elle les y saisit fortement par la queue, sans avoir rien à craindre de leurs dents.

Les tortues d'eau douce et de terre sont beaucoup plus petites que les tortues de mer. Le goût qu'elles ont pour les limaçons, pour les vers et pour les insectes dépourvus d'ailes qui habitent les rives qu'elles fréquentent ou qui vivent sur la surface des eaux, l'a rendue utile dans les jardins qu'elle délivre d'animaux nuisibles sans y causer aucun dommage; elles deviennent comme domestiques, on les conserve dans des bassins pleins d'eau qui ne sont point habités par des poissons, car elles attaquent même, dit-on, ceux qui sont d'une certaine grosseur; elles les saisissent sous le ventre, les y mordent, et leur font des blessures assez profondes pour qu'ils perdent leur sang

Tome I.   K

et s'affoiblissent bientôt : elles les entraînent alors au fond de l'eau, et elles les y dévorent avec tant d'avidité qu'elles n'en laissent que les arrêtes.

La *tortue grecque* ou la *tortue de terre commune* peut passer pour un des plus lents quadrupedes ovipares. Elle emploie beaucoup de tems pour parcourir le plus petit espace ; mais si elle ne s'avance que lentement, les mouvemens des diverses parties de son corps sont quelquefois assez agiles. Elle se nourrit d'herbes, de fruits, et même de vers, de limaçons et d'insectes. Ses mœurs sont assez douces, elle est aussi paisible que sa démarche est lente, et la tranquillité de ses habitudes en fait aisément un animal domestique que l'on peut nourrir avec du son et de la farine, et que l'on voit avec plaisir dans les jardins où elle détruit les insectes nuisibles.

LES LÉZARDS.

Le genre des lézards est tres-nombreux ; leurs habitudes sont aussi diversifiés que leur conformation extérieure : les uns passent leur vie dans l'eau, ou sur les bords déserts des grands fleuves et des marais ; d'autres bien loin de fuir les endroits habités, les choisissent de préférence pour leur demeure ; ceux-ci vivent au milieu

des bois et y courent avec vitesse sur les
rameaux les plus élevés ; ceux-là ont leur
côté garnis de membranes en forme d'ailes, par le moyen desquelles ils franchissent avec facilité des espaces étendus, et
réunissent ainsi à la faculté de nager et
à celle de grimper aisément jusqu'au sommet des arbres, le pouvoir de s'élancer
et de voler pour ainsi-dire, de branche
en branche ; tel est le lézard appellé
dragon.

LES CROCODILES.

On place le crocodile à la tête des lézards qui vivent dans l'eau ou sur les
bords des grands fleuves ; on le nomme
cayman en Amérique, il ne diffère point
du crocodile du Nil. Cet animal ne le
cede en grandeur qu'à un petit nombre
des animaux qui habitent le même pays
que lui. Incapable de désirs très-ardens,
il ne ressent pas la férocité ; s'il se nourrit de proie, s'il dévore les autres animaux, s'il attaque même quelquefois
l'homme, ce n'est pas comme on l'a dit
du tigre, pour assouvir un appétit cruel,
pour obéir à une soif de sang que rien
ne peut étancher, mais uniquement pour
satisfaire des besoins d'autant plus impérieux, qu'il doit entretenir une masse
plus considérable. Roi dans son domaine,

comme l'aigle et le lion dans les leurs, il a pour ainsi-dire leur noblesse en même tems que leur puissance. Les baleines, les premiers des cétacés ne détruisent également que pour se conserver ou se reproduire ; voila donc les quatre grands dominateurs des eaux, des rivages, des déserts et de l'air, qui réunissent à la supériorité de la force, une certaine douceur dans l'instinct, et laissent à des espèces inférieures, à des tyrans subalternes, la cruauté sans besoins.

LES LÉZARDS

proprement dits.

Le *liguane*, lézard d'Amérique est très-doux et ne cherche point à nuire. Il est fier, il paroit méchant, mais bientôt il s'apprivoise ; il demeure dans les jardins, il passe même la plus grande partie du jour dans les appartemens, il court pendant la nuit.

Le *lézard gris* fort commun en France a une petite taille svelte, le mouvement agile, la course si prompte qu'il échappe à l'œil aussi rapidement que l'oiseau qui vole ; il aime à recevoir la chaleur du soleil, ayant besoin d'une température douce, il cherche les abris ; il se précipite comme un trait pour saisir une petite proie ou pour trouver un abri plus commode. Bien loin de s'enfuir à l'approche de l'homme, il paroit le regarder avec complaisance : mais au moindre bruit qui l'effraie, à la chûte d'une seule feuille, il se roule, tombe, et demeure pendant quelques instans comme étourdi par sa chûte ; ou bien il s'élance, disparoit, se trouble, revient, se cache de nouveau, reparoit encore, décrit en un instant plusieurs circuits tortueux que l'œil a de la peine à suivre, se replie plusieurs fois sur lui-même, et se retire enfin dans quelqu'asyle jusqu'à ce que sa crainte soit dissipée. Les anciens l'appeloient *l'ami de l'homme*, il auroit fallu l'appeler *l'ami de l'enfance*, car les enfans en font leur jouet ; et par une suite de la grande douceur de son caractere, il devient familier avec eux. On diroit qu'il cherche à leur rendre caresse pour caresse, il approche innocemment sa bouche de leur bouche ; il suce leur salive avec avidité. Utile autant qu'agréable, il se nourrit de mouches, de grillons, de sauterelles, de vers de terre, de presque tous les insectes qui détruisent nos fruits et nos grains. Il peut vivre fort long-tems sans manger, ainsi que tous les quadrupedes ovipares, il est engourdi pendant l'hiver. Il change deux fois de peau par an.

Le *lézard vert* à les mêmes habitudes

K 3

que le gris, comme il est plus fort, il se bat contre les serpens, il se défend contre les chiens qui l'attaquent en se jettant à leur museau ; il les mord avec tant d'obstination qu'ils se laissent emporter et même tuer plutôt que de desserrer les dents.

Le *lézard verd de la caroline* qu'on appelle *gobe-mouche*, est un joli petit animal qui devient très-utile en délivrant les habitations des mouches, des ravets et des autres insectes nuisibles. Rien n'approche de l'industrie, de la dextérité, de l'agilité avec lesqu'elles il les cherche, les poursuit et les saisit. Aucun animal n'est plus patient que ces charmans petits lézards ; ils demeurent quelquefois immobiles pendant une demie-journée, en attendant leur proie ; dès qu'ils la voient, ils s'élancent comme un trait du haut des arbres où ils se plaisent à grimper. Ils sont si familiers qu'ils entrent hardiment dans les appartemens; ils courent même par-tout si librement, et sont si peu craintifs, qu'ils montent sur les tables pendant les repas, et s'ils apperçoivent quelque insecte, ils sautent sur lui, et passent, pour l'atteindre, jusque sur les habits des convives; mais ils sont si propres et si jolis, qu'on les voit sans peine traverser les plats et toucher les mets. Rien ne manque donc au lézard gobe-mouche pour plaire, parure, beauté, agilité, utilité, patience, industrie, il a tout reçu pour charmer l'œil et interresser en sa faveur.

LE CAMÉLÉON.

Le caméléon est une espèce de lézard dont on a fait un animal fantastique produit et embelli par l'erreur. Bien différent du lézard verd dont nous venons de parler, son aspect n'est point agréable, c'est toujours avec lenteur qu'il va d'un rameau à un autre, et il est plutôt dans les bois en embuscade sous les feuilles pour retenir les insectes ailés qui peuvent tomber sur sa langue gluante, qu'en mouvement de chasse pour aller les surprendre. Il est extrêmement doux. Il a la faculté de présenter, suivant ses différens états, des couleurs plus ou moins variées. Sa grande timidité qui le rend craintif, occasionne vraisemblablement cet effet, en lui faisant éprouver des agitations intérieures plus ou moins considérables ; ajoutez à la crainte, la colere et la chaleur qu'il éprouve. Il jouit aussi à un degré très-éminent du pouvoir d'enfler les différentes parties de son corps, de leur donner par-là un volume plus considé-

rable, et d'arrondir ainsi celles qui seroient naturellement comprimées.

LES GRENOUILLES.

S'il n'avoit jamais existé de crapauds,
nous verrions la grenouille qui a avec eux
quelque ressemblance, comme un animal
utile dont nous n'avons rien à craindre,
dont l'instinct est épuré, et qui joignant
à une forme svelte des membres déliés et
souples, est parée des couleurs qui plaisent le plus à la vue, et présente des
nuances d'autant plus vives, qu'une humeur visqueuse enduit sa peau et lui sert
de vernis. La grenouille commune est
si élastique et si sensible dans tous ses
points, qu'on ne peut la toucher et sur-
tout la prendre par ses pattes de derriere,
sans que tout de suite son dos se courbe
avec vitesse, et que toute sa surface montre, pour ainsi-dire, les mouvemens
prompts d'un animal agile qui cherche à
s'échapper.

Cette supériorité dans la sensibilité des
grenouilles, les rend plus difficiles sur la
nature de leur nourriture, elles rejettent
tout ce qui pourroit présenter un commencement de décomposition. Si elles se
nourrissent de vers, de sangsues, de petits limaçons, de scarabés et d'autres insectes tant ailés que non ailés, elles n'en

prennent aucun qu'elles ne l'aient vû remuer, comme si elles vouloient s'assurer qu'il vit encore ; elles demeurent immobiles jusqu'à ce que l'insecte soit assez prés d'elles ; elles fondent alors sur lui avec vivacité, s'élencent vers cette proie, quelquefois à la hauteur de six décimètres, et avancent pour l'attrapper une langue enduite d'une viscosité si gluante, que les insectes qui y touchent y sont aisément empêtrés. Elles avalent quelquefois des animaux plus considérables, tels que de jeunes souris, de petits oiseaux, et même de petits canards nouvellement éclos, lorsqu'elles peuvent les surprendre sur les bords des étangs qu'elles habitent.

La grenouille commune sort souvent de l'eau, non-seulement pour chercher sa nourriture, mais encore pour s'impregner des rayons du soleil. Bien loin d'être muette comme plusieurs quadrupedes ovipares, et particulierement comme la salamandre terrestre, avec laquelle elle a plusieurs rapports, on l'entend de très-loin dès que la belle saison est arrivée, et qu'elle est pénétrée de la chaleur du printems, jetter un cri qu'elle repete pendant assez long-tems, sur-tout lorsqu'il est nuit. On diroit qu'il y a quelque rapport de plaisir ou de peine entre la grenouille et l'humidité du serein ou de la rosée, et que c'est à cette cause qu'on doit attribuer ses longues clameurs. Ce rapport pourroit montrer pourquoi les cris des grenouilles sont, ainsi qu'on l'a prétendu, d'autant plus forts, que le tems est plus disposé à la pluie, et pourquoi ils peuvent par conséquent annoncer ce météore.

La *grenouille rousse* qu'on appelle muette se fait rarement entendre, elle passe une grande partie de la belle saison à terre, ce n'est que vers la fin de l'automne qu'elle regagne les endroits marécageux, et lorsque le froid devient plus vif, elle s'enfonce dans le limon du fond des étangs, où elle demeure engourdie jusqu'au retour du printems ; alors ces grenouilles se répandent dans les bois et les campagnes, elles voyagent la nuit, et passent le jour sous les pierres et sous les différens arbres qu'elles rencontrent ; pour peu qu'il vienne à pleuvoir, elles sortent de leur retraite pour s'imbiber de l'eau qui tombe ; c'est ce qui a donné lieu à la fable des pluies de grenouilles et de crapauds.

Il existe en Virginie une grosse grenouille qu'on appelle la *mugissante*, parce que son coassement est tel, sur-tout lorsqu'il est réfléchi par les cavités voisines des lieux qu'elle fréquente, qu'il a quelque ressemblance avec le mugissement d'un taureau qui seroit très-éloigné.

Les *raines* sont des espèces de grenouilles qui vivent au milieu des bois, c'est sur les branches des arbres qu'elles passent presque toute la belle saison; elles sont fort agiles et elles franchissent quelquefois un intervalle de quatre mètres. On les voit s'élancer sur les insectes qu'elles saisissent et retiennent avec leur langue; elles sautent avec vitesse de rameau en rameau; elles représentent jusqu'à un certain point les jeux et les petits vols des oiseaux, ces légers habitants des arbres élevés. La raine n'a qu'à se poser sur la branche la plus unie, même sur la surface inférieure des feuilles pour s'y attacher de maniere à ne pas tomber, car sa peau est très-gluante, et elle a sous les doigts des pelottes visqueuses qui se collent avec facilité à tous les corps, quelque polis qu'ils soient.

Les raines ne vivent dans les bois que pendant le tems de leurs chasses, car c'est aussi au fond des eaux, et dans le limon des lieux marécageux, qu'elles se cachent pour passer le tems de l'hiver et de leur engourdissement.

Toutes les espèces de grenouilles et de raines passent une partie de leur vie sous une enveloppe connue sous le nom

K 6

de *têtards*, ce n'est qu'au bout de deux mois qu'elles quittent cette enveloppe pour prendre la forme de grenouilles et devenir propres à la reproduction. Les grenouilles changent aussi de peau, comme tous les quadrupedes ovipares.

LES CRAPAUDS.

Depuis long-tems l'opinion a flétri cet animal dégoutant dont l'approche révolte tous les sens ; il paroit vicié dans toutes ses parties. S'il a des pattes, elles n'élevent pas son corps disproportionné au-dessus de la fange qu'il habite ; s'il a des yeux, ce n'est point en quelque sorte pour recevoir une lumiere qu'il fuit. Mangeant des herbes puantes ou venimeuses, caché dans la vase, tapi sous des tas de pierres, retiré dans des trous de rocher, sale dans son habitation, dégoutant par ses habitudes, difforme dans son corps, obscur dans ses couleurs, infect par son haleine, ne se soulevant qu'avec peine, ouvrant, lorsqu'on l'attaque, une gueule hideuse, n'ayant pour toute puissance qu'une grande résistance aux coups qui le frappent, que l'inertie de la matiere, que l'opiniâtreté d'un être stupide, n'employant d'autre arme qu'une liqueur fétide qu'il lance, que paroit-il avoir de bon, si ce n'est de chercher, pour ainsi-dire, à se dérober à tous les yeux, en fuyant la lumiere du jour?

Le crapaud habite pour l'ordinaire dans les fossés, sur-tout dans ceux où une eau fetide croupit depuis long-tems ; on le trouve dans les fumiers, dans les caves, dans les antres profonds, dans les forêts où il peut se dérober à la clarté qui le blesse, en choisissant de préférence les endroits ombragés, sombres, solitaires, en s'enfonçant sous les décombres et sous les tas de pierres : et combien de fois n'a-t-on pas été saisi d'une espèce d'horreur, lorsque soulevant quelque gros caillou dans les bois humides, on a découvert un crapaud accroupi contre terre, animant ses gros yeux et gonflant sa masse pustuleuse ? C'est dans ces divers asyles obscurs qu'il se tient renfermé pendant tout le jour, à moins que la pluie ne l'oblige à en sortir.

Pendant l'hiver les crapauds se réunissent plusieurs ensemble dans les pays où la température devenant trop froide pour eux, les force à s'engourdir ; ils se ramassent dans le même trou, apparemment pour augmenter et prolonger le peu de chaleur qui leur reste encore.

Lorsque les crapauds sont réveillés de leur long assoupissement, il choisissent la nuit pour errer et chercher leur nourriture ; ils vivent comme les grenouilles, d'insectes, de vers, de scarabés, de limaçons ; mais on dit qu'ils mangent aussi de la sauge, dont ils aiment l'ombre, et qu'ils sont sur-tout avides de cigue que l'on a quelquefois appelée le *persil des crapauds*. Lorsque les premiers jours chauds du printems sont arrivés, on les entend vers le coucher du soleil, jetter un cri assez doux : apparemment c'est leur cri d'amour. Le crapaud peut vivre très longtems sans manger : M. *Hérissant* en a conservé pendant 18 mois dans des boîtes scellées exactement.

Rendons cependant hommage à une qualité estimable du crapaud ; il est très complaisant à l'égard de sa fémelle ; il l'aide dans son accouchement en tirant et développant le long cordon qui renferme les œufs.

DIX-NEUVIEME LEÇON.

LES SERPENS.

LES serpens paroissent privés de tout moyen de se mouvoir, et uniquement destinés à vivre sur la place où le hasard paroit les avoir fait naître. Peu d'animaux cependant ont les mouvemens aussi prompts, se transportent avec tant de vitesse que le serpent ; il égale par sa rapidité une fleche tirée par un bras vigoureux, lorsqu'il s'élance sur sa proie ou qu'il fuit devant son ennemi : chacune de ses parties devient alors comme un ressort qui se débande avec violence ; il semble ne toucher à la terre que pour en rejaillir, et, pour ainsi-dire, sans cesse repoussé par les corps sur lesquels il s'appuie, on diroit qu'il nage au milieu de l'air en rasant la surface du terrein qu'il parcourt. S'il veut s'élever encore davantage, il le dispute à plusieurs espèces d'oiseaux, par la facilité avec laquelle il parvient jusqu'au plus haut des arbres, autour desquels il roule et déroule son corps avec tant de promptitude que l'œil a de la peine à le suivre : souvent même lorsqu'il ne change pas encore de place, mais qu'il est prêt à s'élancer, et qu'il est agité par quelqu'affection vive, comme l'amour, la colere ou la crainte, il n'appuie contre terre que sa queue qu'il replie en contours sinueux ; il redresse avec fierté sa tête, il releve avec vitesse le devant de son corps, et le relevant dans une attitude droite et perpendiculaire, bien loin de paroître uniquement destiné à ramper, il offre l'image de la force, du courage et d'une sorte d'empire.

Non-seulement plusieurs espèces de serpens vivent tranquillement auprès des habitations de l'homme, entrent familierement dans ses demeures, s'y établissent quelquefois et les délivrent d'animaux nuisibles et particulierement d'insectes malfaisans ; mais l'on a vu des serpens réduits à une vraie domesticité, donner à leur maître des signes d'attachement supérieurs à tous ceux qu'on a remarqué dans plusieurs espèces d'oiseaux et même de quadrupedes, et ne le céder en quelque sorte, par leur fidélité qu'à l'animal même qui en est le symbole.

Il est rare de rencontrer ensemble plusieurs serpens de l'espece de ceux qui sont très-grands ; mais ceux qui ne parviennent pas à une longueur très-considérable et qui n'excedent pas deux à trois mètres de long, habitent souvent en très-grand nombre non-seulement sur le même rivage, ou dans la même forêt, suivant qu'ils se nourrissent d'animaux aquatiques ou de ceux des bois, mais dans le même asyle souterrain ; c'est dans des cavernes profondes qu'on les rencontre quelquefois entassés, pour ainsi-dire, les uns contre les autres, repliés et entrelacés de telle sorte qu'on croiroit voir des serpens à plusieurs têtes. Ces animaux sont naturellement paisibles lorsqu'on ne les attaque point, mais si on les effraie ou qu'on les irrite par un séjour trop long dans leurs repaires, on entend autour de soi leurs sifflemens aigus, on voit un grand nombre de têtes se dresser au-dessus de plusieurs corps écailleux, entortillés et pressés les uns contre les autres, et tous les serpens faire briller leurs yeux, et agiter avec vitesse leur langue déliée.

Telle est l'espèce de société dont ces animaux sont susceptibles ; mais dépourvus de mains et de pieds, ne pouvant rien porter qu'avec leur gueule, ils sont plusieurs ensemble sans que leurs efforts particuliers tendent à un résultat commun, sans qu'ils cherchent à rendre leur retraite plus commode. Ils éprouvent pendant l'hiver des latitudes élevées, un engourdissement plus ou moins profond et plus ou moins long, suivant la rigueur et la durée du froid : ce ne sont guères que les petites espèces qui tombent dans cette torpeur, parceque les très-grands serpens vivent dans la zone torride où les saisons ne sont jamais assez froides, pour diminuer leur mouvement vital au point de les engourdir. Ils sortent de leur sommeil annuel, lorsque les premiers jours chauds du printems se font ressentir, quelque tems après ils se revetent d'une peau nouvelle. Les serpens vivent d'herbes, de graines, de fruits, ils dévorent aussi les animaux qu'ils peuvent saisir; ils les retiennent en se roulant autour d'eux et en les serrant dans leurs nombreux replis. Leurs cris sont toujours modifiés en sifflemens.

LA COULEUVRE-VIPERE.

La *vipere* qui appartient au genre des couleuvres est aussi petite, aussi foible, aussi innocente en apparence que son venin est dangéreux, et comme si elle sentoit la puissance redoutable de ce venin qu'elle recele, son regard paroit hardi, ses yeux brillent, sur-tout lorsqu'on l'irrite; et alors non-seulement elle les anime, mais ouvrant sa gueule, elle darde sa langue qu'elle agite avec tant de vitesse, qu'elle étincele, pour ainsi-dire, et que la lumiere qu'elle réflechit la fait paroître comme une sorte de petit phosphore. Sa langue ne contient aucun poison, ce n'est qu'avec ses crochets que la vipere donne la mort, et sa langue ne sert qu'à retenir les insectes dont elle se nourrit quelquefois. Elle peut vivre plusieurs mois sans manger. Les viperes communes ne fuient pas les animaux de leur espèce, il paroit même que dans certaines saisons de l'année, elles se recherchent mutuellement. Quelque chaleur qu'elles éprouvent, elles rampent toujours lentement; elles ne se jettent communément que sur les petits animaux dont elles font leur nourriture ; elles n'attaquent point l'homme ni les gros animaux : mais cependant lorsqu'on les blesse, ou seulement lorsqu'on les agace et qu'on les irrite, elles deviennent furieuses et font alors des blessures assez profondes.

LA COULEUVRE COMMUNE.

La *couleuvre verte et jaune* ou la *couleuvre commune* se tient presque toujours cachée, elle cherche à fuir lorsqu'on la découvre, et non-seulement on peut la saisir sans redouter un poison dont elle n'est jamais infectée, mais même sans éprouver d'autre résistance que quelques efforts qu'elle fait pour s'échapper. Bien plus elle devient docile lorsqu'elle est prise ; elle subit une sorte de domesticité, elle obéit aux divers mouvemens qu'on veut lui faire suivre : on voit souvent des enfans prendre deux couleuvres, les attacher par la queue et les contraindre aisément à ramper, ainsi attachées, du côté où ils veulent les conduire. La couleuvre se laisse entortiller autour des bras ou du cou, rouler en divers contours de spirale, tourner et retourner en différens sens, suspendre en différentes positions, sans donner aucun signe de mécontentement ; elle paroit même avoir du plaisir à jouer ainsi avec ses maîtres. Il y a cependant certains momens et mêmes certaines saisons de l'année ou la couleuvre verte et jaune ; sans être dangereuse, montre le désir de se défendre ou de sauver ce qui lui est cher, si naturel à tous les animaux. On a vû quelquefois ce serpent surpris par l'aspect subit de quelqu'un, au moment où il s'avançoit pour traverser une route, ou que pressé par la faim, il se jettoit sur une proie, se redresser avec fierté, et faire entendre son sifflement de colere. La couleuvre, comme tous les autres serpens passe l'hiver dans un état d'engourdissement.

La *couleuvre à collier* est encore plus douce et plus familiere que la couleuvre commune, lorsqu'elle est apprivoisée : on

la nourrit dans les maisons où elle s'accoutume si bien à ceux qui la soignent,
qu'au moindre signe, elle s'entortille autour de leurs doigts, de leurs bras, de
leur cou, et les presse mollement pour
leur témoigner une sorte de tendresse et
de reconnoissance. Elle s'approche avec
douceur de ceux qui la caressent, elle
suce leur salive, et aime à se cacher sous
leurs vetement, comme pour s'approcher
davantage de ceux qui la chérissent.

Plusieurs autres espèces de couleuvres,
telles que la *couleuvre des dames* des côtes
da Malabar, et la *juida* qui habite les
côtes occidentales d'Afrique se familiarisent très-aisément.

LES BOA.

Les *boa* sont les plus grands et les plus
forts des serpens, ils ne contiennent aucun venin, ils n'attaquent que par besoin, ne combattent qu'avec audace et
ne domptent que par leur puissance. Le
devin tient le premier rang entre les boa;
il est parmi les serpens, ce que sont l'é-
léphant ou le lion parmi les quadrupedes.
Il surpasse les animaux de son ordre par
sa grandeur comme le premier, et par sa
force comme le second, sa grandeur ordinaire est de 6 à 7 mètres, mais il y a
des individus qui ont jusqu'à 15 à 16 mè-

tres de long, aussi ce serpent fait-il sa proie des plus gros animaux ; sa vue seule inspire la terreur quoiqu'il ne soit pas venimeux. Lorsqu'il apperçoit un ennemi dangereux, ce n'est point avec ses dents qu'il commence un combat qui alors seroit trop dangereux pour lui ; mais il se précipite avec tant de rapidité sur sa malheureuse victime, l'enveloppe dans tant de contours, la serre avec tant de force, fait craquer ses os avec tant de violence, que ne pouvant ni s'échapper, ni user de ses armes, et reduite à pousser de vains mais d'affreux hurlemens, elle est bientôt étouffée sous les efforts multipliés du monstrueux reptile.

LES SERPENS A SONNETTE.

Le *boiquira*, espèce de serpent à sonnette parvient quelquefois à la longueur de deux mètres, sa circonférance est alors de cinq décimètres, il est du genre des serpens venimeux ou à crochets. Il porte à la queue plusieurs pieces ou plaques cartilagineuses dont le nombre varie depuis un jusqu'à trente et au-delà : ces pieces écailleuses sont emboîtées l'une dans l'autre ; comme elles ont assez de jeu pour se frotter mutuellement lorsqu'elles sont secouées, il n'est pas étonnant qu'elles produisent un bruit assez sensible. Il seroit à souhaiter qu'on pût l'entendre de très-loin, afin que l'approche du boiquira étant moins imprévue, fût aussi moins dangereuse. Ce serpent est d'autant plus à craindre, que ses mouvemens sont souvent très-rapides. En un clin-d'œil il se replic en cercle, s'appuie sur sa queue, se précipite comme un ressort qui se débande, tombe sur sa proie, la blesse et se retire pour échapper à la vengeance de son ennemi. Il se nourrit de vers, de grenouilles, il fait aussi sa proie d'oiseaux, d'écureuils, car il monte avec facilité sur les arbres, et s'y élance de branche en branche, ainsi que sur les pointes des rochers qu'il habite; il nage aussi avec la plus grande agilité, malheur à ceux qui navigent sur des petits bâtimens auprès des plages qu'il fréquente. Des Voyageurs prétendent cependant qu'il ne mord que les animaux qui lui servent de pâture. Il ne dévore point ses petits, comme on l'en accuse, il les emporte dans sa gueule pour les mettre en sûreté.

DES POISSONS.

PREMIÈRE LEÇON.

sur la nature des Poissons.

Deux fluides, dit M. de *Lacépède*, sont les seuls dans le sein desquels il ait été permis aux êtres organisés de vivre, de croître et de se reproduire; celui qui compose l'atmosphère, et celui qui remplit les mers et les rivières. Les quadrupèdes, les oiseaux, les reptiles, ne peuvent conserver leur vie que par le moyen du premier; le second est nécessaire à tous les genres de poissons. Mais il y a bien plus d'analogies, bien plus de rapports conservateurs entre l'eau et les poissons, qu'entre l'air et les oiseaux ou les quadrupèdes. Voilà pourquoi indépendamment de toute autre cause, les poissons sont de tous les animaux à sang rouge ceux qui présentent dans leurs espèces le plus grand nombre d'individus, dans leurs couleurs l'éclat le plus vif et dans leur vie la plus longue durée. Fécondité, beauté, existance très prolongée, tels sont les trois attributs

attributs remarquables des principaux habitans des eaux.

Si on examine les poissons grouppe par grouppe, on verra que presque toutes les familles parmi ces animaux paroissent préférer chacune un espace particulier plus ou moins étendu; et si l'on évalue tous les degrés que l'on peut compter dans la rapidité, dans la pureté, dans la douceur et dans la chaleur des eaux, accablé sous le nombre infini de produits que peuvent donner toutes les combinaisons dont ces quatre séries de nuances sont susceptibles, on ne demandera pas comment les mers et les continens peuvent fournir aux poissons des habitations très-variées, et un très-grand nombre de séjours de choix.

Un poisson est un animal dont le sang est rouge et qui respire au milieu de l'eau par le moyen de *branchies*, que l'on appelle improprement *ouies*, c'est le nom qu'on donne à leur organe respiratoire; voilà les deux caracteres qui séparent les poissons de tous les autres animaux, caracteres qui ne peuvent pas aller l'un sans l'autre et qu'on retrouve dans tous les poissons.

Les poissons ont reçu du Créateur pour armes défensives des écailles, des callosités, des tubercules, des aiguillons, des espèces de boucliers solides, et des croûtes osseuses sous lesquelles ces animaux ont souvent une portion considérable de leur corps à l'abri, ce qui les rapproché de la famille des tortues : voilà les différentes ressources que la nature a accordées aux poissons pour les défendre contre leurs nombreux ennemis, les diverses armes qui les protégent contre les poursuites multipliées auxquelles ils sont exposés. Mais ils n'ont pas reçu uniquement la conformation qui leur étoit nécessaire pour se garantir des dangers qui les menacent ; il leur a été aussi départi de vrais moyens d'attaque, de véritables armes offensives, souvent même d'autant plus redoutables pour l'homme et les plus favorisées des animaux, qu'elles peuvent être réunies à un corps d'un très-grand volume, et mise en mouvement par une grande puissance.

Parmi ces armes offensives, les dents tiennent le premier rang ; ces dents mobiles ou immobiles, de la langue, du gosier, du palais et des machoires, en un mot, ces instrumens plus ou moins meurtriers peuvent exister séparément ou paroître plusieurs ensemble, ou être tous réunis dans le même poisson, et doivent produire une très-grande variété parmi les moyens d'attaque accordés aux poissons, par les combinaisons de grandeur, de force, et de formes extérieures, ainsi que par leur nombre et par toutes les rangées qu'ils peuvent présenter. Outre ces armes dangereuses et multipliées, quelques poissons ont reçu des piquans longs, forts et mobiles, avec lesquels, ils peuvent assaillir vivement et blesser profondément leurs ennemis, et tous ont été pourvus d'une queue plus ou moins déliée, mue par des muscles puissans, et qui lors même qu'elle est dénuée d'aiguillons et de rayons de nageoires, peut être assez rapidement agitée pour frapper une proie par des coups violens et redoublés.

L'odorat est le premier des sens des poissons, puisqu'on leur voit franchir des espaces immenses, attirés par les émanations odorantes de la proie qu'il recherchent, ou repoussés par celles des ennemis qu'ils redoutent. Le siege de cet odorat est le véritable œil des poissons, il le dirige au milieu des ténebres les plus épaisses, malgré les vagues les plus agitées, dans le sein des eaux les plus troubles, les moins perméables aux rayons de la lumiere. La vuë est le second sens des poissons, ensuite l'ouie, le toucher et le goût.

C'est à l'époque voisine du frai que

L 2

les poissons qui habitent la haute mer, s'approchent des rivages, ou remontent les grands fleuves, et ceux qui vivent habituellement au milieu des eaux douces, s'élevent vers les sources dss rivieres et des ruisseaux, ou descendent au contraire vers les côtes maritimes. Tous cherchent des abris plus sûrs, et d'ailleurs tous veulent trouver une température plus analogue à leur organisation, une nourriture plus abondante et plus convenable, une eau plus adaptée à leur nature et à leur état, des fonds commodes contre lesquels ils puissent frotter la partie inférieure de leur corps de la maniere la plus favorable à la sortie des œufs et de la liqueur laiteuse, sans trop s'éloigner de la douce chaleur de la surface des rivieres ou des plages voisines des rivages marins, et sans trop se dérober à l'influence de la lumiere qui leur est si souvent agréable et utile. Les œufs des poissons sont innombrables, mais une grande partie sert de pâture à nombre d'oiseaux aquatiques, et ceux qui éclosent, fournissent encore à la nourriture des mêmes oiseaux, et de plusieurs espèces de poissons et de cétacés.

On sait que tous les poissons, excepté les poissons plats, ont dans leurs corps une vessie remplie d'air; que c'est en gonflant plus ou moins cette vessie, qu'ils s'élevent vers la surface de l'eau ou qu'ils s'abaissent ; que leur queue leur sert de gouvernail pour se diriger, et qu'à l'aide de leur nageoires, ils rendent leur course plus ou moins rapide.

Quelques poissons se contentent pour leur nourriture, au moins souvent, de plantes marines et particulierement d'algue ; d'autres vont chercher dans la vase les débris des corps organisés, et c'est de ceux-ci qu'on a dit qu'ils vivoient de limon ; il en est encore qui ont un goût très-vif pour des graines et d'autres parties de végétaux terrestres et fluviatiles : mais le plus grand nombre de poissons préférent des vers marins, de riviere ou de terre, des insectes aquatiques, des œufs pondus par leurs fémelles, de jeunes individus de leur classe, et en général tous les animaux qu'ils peuvent rencontrer au milieu des eaux, saisir et dévorer sans éprouver une résistance trop dangéreuse. Les poissons peuvent se passer de nourriture pendant plusieurs mois et même pendant plus d'un an, ainsi que les quadrupedes ovipares et les serpens ; mais ils éprouvent le tourment de la faim : cet aiguillon pressant agite sur-tout les grandes especes qui ont besoin d'alimens plus copieux, plus actifs et plus souvent renouvellés ; et telle est la cause irrésistible qui maintient dans un état de guerre perpétuel la nombreuse classe des poissons, les fait continuellement passer de l'attaque à la défense et de la défense à l'attaque, les rend tour-à-tour tyrans et victimes, et convertit en champ de carnage la vaste étendue des mers et des rivieres. Quelques poissons, tels que la torpille, outre leurs armes offensives et défensives, ont la propriété d'engourdir les êtres vivans qui les touchent, ce qui leur donne le tems de se soustraire à leurs poursuites.

Indépendamment de quelques manœuvres particulieres que de petites espèces de poissons mettent en usage contre des insectes qu'elles ne peuvent pas attirer jusqu'à elles, presque tous les poissons emploient avec constance et avec une sorte d'habileté les ressources de la ruse ; il n'en est presqu'aucun qui ne tende des embûches à un être plus foible ou moins attentif. On voit ceux dont la tête est garnie de petits filamens déliés et nommés barbillons, se cacher souvent dans la vase, sous les saillies des rochers, au milieu des plantes marines, ne laisser dépasser que ces barbillons qu'ils agitent et qui alors ressemblent à de petits vers, tâcher de séduire par ces appas, les animaux marins ou fluviatiles, qu'ils ne pou-

voient atteindre en nageant qu'en s'expo-
sant à de trop longues fatigues, les attendre avec patience, et les saisir avec
promptitude au moment de leur approche.

D'autres poissons ou avec leur bouche,
ou avec leur queue, ou avec leur nageoires inférieures rapprochées en disque,
ou avec un organe particulier situé au-
dessus de la tête, s'attachent aux rochers,
aux bois flottans, aux vaisseaux, aux
poissons plus gros qu'eux, indépendam-
mant de plusieurs causes qui les main-
tiennent dans cette position, y sont re-
tenus par le désir d'un approvisionnement
plus facile, ou d'une garantie plus sûre.
D'autres encore, tels que les anguilles,
se ménagent dans des cavités qu'ils creusent, dans des terriers qu'ils forment avec
précaution, et dont les issues sont pra-
tiquées avec une sorte de soin, bien moins
un abri contre le froid des hivers, qu'un
rempart contre des ennemis plus forts ou
mieux armés. Ils les évitent aussi quelquefois ces ennemis dangereux, en employant la faculté de ramper que leur
donne leur corps très-allongé et serpentiforme, en s'élançant hors de l'eau, et
en allant chercher, pendant quelques
instans, loin de ce fluide, non-seulement
une nourriture qui leur plait et qu'ils y
trouvent en plus grande abondance que

L 4

dans la mer ou dans les fleuves, mais encore un asyle plus sûr que toutes les retraites aquatiques.

Enfin il y a des poissons qui ont reçu des nageoires pectorales très-étendues, très-mobiles et composées de rayons faciles à rapprocher ou à écarter; ils s'élancent dans l'athmosphere pour échapper à une poursuite funeste, frappant l'air par une grande surface avec beaucoup de rapidité, et, par un déploiement d'instrument ou une vitesse d'action moindre dans un sens que dans un autre, se soutiennent quelques momens au-dessus des eaux, et ne retombent dans leur fluide natal, qu'après avoir parcouru une courbe assez longue pour se soustraire à la poursuite de leurs ennemis.

Ce n'est pas par des courses très-limitées que les poissons parviennent à se procurer leur proie ou à se dérober à leurs ennemis, ils franchissent souvent de très-grands intervalles, ils entreprennent de grands voyages; et conduits par la crainte, ou excités par des appétits vagues, et entraînés de proche en proche par le besoin d'une nourriture plus abondante ou plus substantielle, chassés par les tempêtes, transportés par les courans, attirés par une température plus convenable, ils traversent des mers immenses ; ils vont d'un continant à un autre, et parcourent dans tous les sens la vaste étendue d'eau au milieu delaquelle le Créateur les a placés. Ces grandes migrations, ces fréquens changemens ne présentent pas plus de régularité que les causes fortuites qui les produisent ; ils ne sont soumis à aucun ordre : ils n'appartiennent point à l'espèce ; ce ne sont que des actes individuels.

Il n'en est pas de même de ce concours périodique vers les rivages de la mer, qui précede le tems de la ponte et de la fécondation des œufs. Il n'en est pas de même de ces ascensions régulieres, exécutées chaque année avec tant de précision, qui peuplent pendant plus d'une saison, les fleuves, les rivieres, les lacs et les ruisseaux les plus élevés sur le globe, de tant de poissons attachés à l'onde amère pendant d'autres saisons.

A l'égard des voyages périodiques des maqueraux et des harangs dont on a beaucoup embelli les détails, dont on a tiré des conséquences multipliées ; des faits très-constans prouvent que lorsqu'on a réduits à leur juste valeur les récits merveilleux qu'on a fait de ces migrations on ne trouve dans les maqueraux et dans les harangs que des animaux qui vivent pendant la plus grande partie de l'année

L 5

dans les profondeurs de la haute mer, et qui, dans d'autres saisons, se rapprochent, comme presque tous les autres poissons pélagiens, des rivages les plus voisins et les plus analogues à leurs besoins et à leurs desirs.

Les poissons que l'on appelle de passage sont les harangs, les maqueraux, les morues, la sardine, le thon et l'anchois. Le saumon et quelques autres poissons, remontent à certaines époques de la mer dans les fleuves; ils quittent la mer qui leur fournit une nourriture abondante, et ils remontent les fleuves où ils ont une infinité de dangers à essuyer et mille obstacles à vaincre, pour aller chercher à des distances très-éloignées un lieu commode, une situation favorable à la ponte et à la naissance de leur progéniture. On a remarqué que les saumons comme les hirondelles reviennent l'année suivante au même endroit où ils avoient frayé l'année précédente.

La vitesse de certains poissons est telle, que dans une eau tranquille, ils parcourent deux cens quatre-vingt-huit hectomètres par heure (plus de 57000 toises) ou huit mètres (près de seize toises) par seconde, c'est-à-dire un espace douze fois plus grand que celui

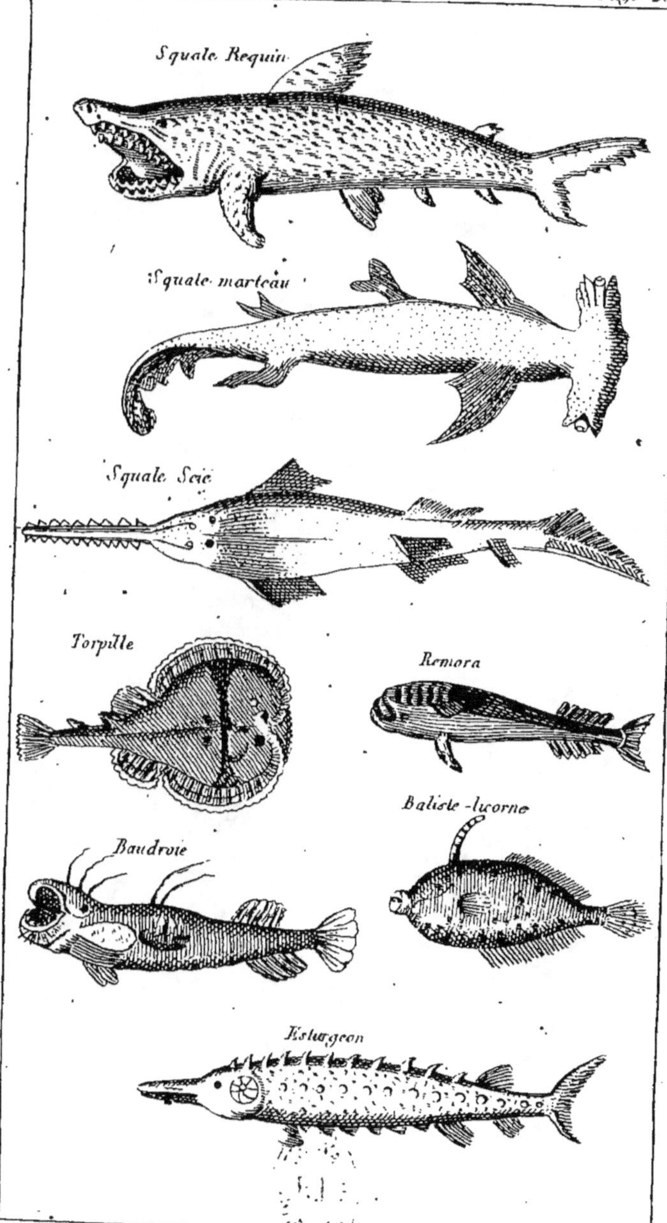
Squale Requin
Squale marteau
Squale Scie
Torpille
Remora
Baudroie
Baliste-licorne
Esturgeon

sur lequel les eaux de la seine s'étendent dans le même tems, et presque égal à celui qu'un renne fait franchir à un traineau également dans une seconde.

M. de *Lacépède* admet dans les poissons un instinct qui en s'affoiblissant dans les osseux dont le corps est très-applati, s'anime au contraire dans ceux qui ont un corps serpentiforme; s'accroit encore dans presque tous les cartilagineux, et peut-être paroîtra dans presque toutes les espèces, bien plus vif et bien plus étendu qu'on ne l'auroit pensé. On en sera plus convaincu lorsqu'on aura reconnu qu'avec très-peu de soin, on peut les apprivoiser et les rendre familiers. Ce fait bien connu des anciens, a été très-souvent vérifié dans les tems modernes. Il y a par exemple plus d'un siècle, que l'on sait que des poissons nourris dans les bassins du jardin des Tuileries, accouroient lorsqu'on les appeloit, et particulièrement lorsqu'on prononçoit le nom qu'on leur avoit donné. On a vu dans le vivier du Louvre, du temps de Charles IX, un brochet qui, quand on crioit *lupule*, *lupule*, se montroit et venoit prendre le pain qu'on y jettoit.

Ceux à qui l'éducation des poissons n'est pas étrangère, n'ignorent pas que dans les étangs d'une grande partie de l'Allemagne, on accoutume les truites, les carpes et les tanches à se rassembler au son d'une cloche, et à venir prendre la nourriture qu'on leur destine. On a même observé assez souvent ces habitudes, pour savoir que les espèces qui ne se contentent pas de débris d'animaux ou de végétaux trouvés dans la fange, ni même de petits vers ou d'insectes aquatiques, s'apprivoisent plus promptement, et s'attachent, pour ainsi-dire, davantage à la main qui les nourrit, parce que dans les bassins où on les renferme, elles ont plus besoin d'assistance pour ne pas manquer de l'aliment qui leur est nécessaire.

On cite l'exemple d'une truite qu'on a nourri dans un vase, pendant l'espace de 14 ans et 7 mois; ce petit poisson étoit si privé, que lorsqu'on vouloit renouveller l'eau du vase, ce qui arrivoit tous les jours, il venoit se reposer sur la main de son maître jusqu'à ce que le vase fut rempli. Les petits poissons rouges de la Chine qu'on nourrit aussi dans des vases, prouvent jusqu'à quel point l'état de domesticité peut influer sur leurs qualités physiques, et peut-être même sur leur naturel; à force d'habitude on parvient à adoucir leurs mœurs sauvages et à les rendre familiers. On en a vu un qui à une intelligence très-développée, sembloit joindre le sentiment de la reconnoissance et de l'attachement; quand on lui présentoit le doigt, il venoit aussitôt et restoit comme immobile pour contempler d'où lui venoit cette caresse inattendue; mais la personne qui le soignoit venoit-elle à passer à côté de lui, il se mettoit en mouvement, il s'agitoit en fixant constament ses regards sur elle : approchoit-elle le doigt du vase où il étoit renfermé, il avançoit aussitôt, et par de petits efforts redoublés contre les parois du verre, il manifestoit le desir qu'il avoit de recevoir des caresses.

Les poissons peuvent vivre très-longtems; des observations exactes prouvent que leur vie peut s'étendre au-delà de deux siècles ; plusieurs renseignemens portent même à croire qu'on a vu des poissons âgés de près de trois cents ans.

M. de *Lacépède* range tous les poissons dans deux sous-classes, celle des poissons cartilagineux , et celle des poissons osseux; chaque sous-classe est partagée en quatre divisions fondées sur la présence ou l'absence d'un opercule ou membrane placée à l'extérieur, et cependant servant à completter l'organe

Tome I.

de la respiration, le seul qui distingue
les poissons des autres animaux à sang
rouge; chaque division présente quatre
ordres, en assignant à chacun un caractère simple et précis.

SECONDE LEÇON.

MŒURS ET RUSES

DE QUELQUES ESPÈCES

DE POISSONS

APRÈS avoir jetté un coup-d'œil général sur la nature et les mœurs des poissons, il ne nous reste que très-peu de choses à ajouter sur ce qui regarde les différentes espèces de ces animaux dont les mœurs se ressemblent assez, et dont les ruses qu'ils emploient dans la guerre continuelle qu'ils se font, n'ont pas pû être observées aussi fréquemment ni aussi facilement, que l'ont été celles des animaux qui vivent dans notre élément. Je me contenterai donc de rapporter ici le peu d'observations qui ont été faites sur quelques espèces de poissons dont on a été à portée d'apprécier l'instinct qui a toujours pour but, comme dans toutes les autres espèces d'animaux, leur conservation et celle de leur postérité.

M. de *Lacépède* pense que le poisson dans lequel l'organe de l'odorat est le plus sensible, doit, tout égal d'ailleurs, présenter le plus grand nombre de traits d'une sorte d'intelligence; d'après cela il

Tome I.

croit devoir attribuer à la *raie batis* et aux autres raies conformées de même, une assez grande supériorité d'instinct; et en effet toutes les observations prouvent qu'elles l'emportent par les procédés de leur chasse, l'habileté dans la fuite, la finesse dans les embuscades, la vivacité dans plusieurs affections, et une sorte d'adresse dans d'autres habitudes, sur presque toutes les espèces connues de poissons, et particulièrement de poissons osseux.

LA RAIE-TORPILLE.

La *torpille* qui est une espèce de raie est petite, foible, indolente, sans armes, et beaucoup moins rusée que les autres espèces de raies; elle seroit donc livrée sans défense aux voraces habitans des mers, dont elle peuple les profondeurs, ou dont elle habite les bords; mais indépendamment du soin qu'elle a de se tenir presque toujours cachée sous le sable ou sous la vase, elle a reçu de la nature une faculté particulière bien supérieure à la force des dents, et des autres armes dont elle auroit pu être pourvue; elle possède la puissance remarquable et redoutable de lancer, pour ainsi-dire, la foudre; elle accumule dans son corps et en fait jaillir le fluide électrique avec la rapidité de l'éclair ; elle imprime une commotion soudaine et paralysante au bras le plus robuste qui s'avance pour la saisir , à l'animal le plus terrible qui veut la dévorer ; elle engourdit pour des instans assez longs les poissons les plus agiles dont elle cherche à se nourrir ; elle frappe quelquefois ses coups invisibles à une distance assez grande ; et par cette action prompte et qu'elle peut souvent renouveller , annullant les mouvemens de ceux qui l'attaquent et de ceux qui se défendent contre ses efforts , on croiroit la voir réaliser au fond des eaux une partie des prodiges que la poésie et la fable ont attribués aux fameuses enchanteresses, dont elles avoient placés l'empire au milieu des flots ou près des rivages.

L'anguille de surinam jouit de la même propriété que la torpille , ainsi que quelques autres espèces de poissons.

La *raie-sephens* fournit au commerce sa peau connue sous une fausse dénomination de *peau de requin* ou *de chien de mer* , et dont on se sert sous le nom de *galuchat*.

LE SQUALE-REQUIN.

Le squale-requin est un poisson terrible dont la grandeur n'est pas le seul attribut , il a reçu aussi la force et des armes meurtrières, et féroce autant que vorace, impétueux dans ses mouvemens, avide de sang et insatiable de proie, il est véritablement le tigre de la mer; recherchant sans crainte tout ennemi, poursuivant avec plus d'obstination, attaquant avec plus de rage, combattant avec plus d'acharnement que les autres habitans des eaux; plus dangereux que plusieurs cétacés qui presque toujours sont moins puissans que lui, inspirant plus d'effroi que les baleines qui, moins bien armées et douées d'appétits bien différens, ne provoquent presque jamais ni les hommes ni les grands animaux. Rapide dans sa course, répandu sous tous les climats, ayant envahi, pour ainsi-dire, toutes les mers, paroissant souvent au milieu des tempêtes, apperçu facilement par l'éclat phosphorique dont il brille au milieu des nuits les plus orageuses, menaçant de sa gueule énorme et dévorante les infortunés navigateurs. Le tigre le plus furieux au milieu des sables brulans, le crocodile le plus fort sur les rivages équatoriaux, le serpent le plus démesuré dans les solitudes africaines, doivent-ils inspirer autant d'effroi qu'un énorme requin au milieu des vagues agitées?

Lorsqu'on veut prendre ce furieux animal, on lui jette un gros hameçon garni d'une piece de lard, attaché à une bonne chaîne de fer : lorsqu'il n'est pas affamé, il s'approche de l'appât, l'examine, tourne autour, semble le dédaigner, il s'en éloigne un peu et puis revient ; quelquefois il se met en devoir d'engloutir l'appât, et quitte prise ayant la gueule en sang. Lorsqu'on a pris assez de plaisir à voir toutes ses démarches et son manege, on tire la corde, et on feint de vouloir tirer l'appât hors de l'eau ; son appétit se réveille, son avidité le perd ; alors il se jette goulument sur le lard et l'avale ; mais comme il se sent pris et retenu par la chaîne, c'est un nouveau divertissement de voir tous les mouvemens qu'il se donne pour se décrocher : il fait jouer ses mâchoires pour couper la chaîne, il tire de toutes ses forces pour arracher la corde qui le tient attaché ; souvent il s'élance en avant et fait des bonds furieux ; il oppose la plus vive résistance. Lorsqu'il s'est assez débattu, on tire la corde jusqu'à lui mettre la tête hors de l'eau, et au moyen d'une autre corde qu'on fait passer jusqu'à la naissance de la queue, on l'enleve, et on acheve de le tuer.

Les requins sont ordinairement précédés par un poisson qu'on appelle *rémora* ou *pilote.* Ils ont aussi des *sucets,* espèce de petits poissons qui se cramponent sur eux, qui s'attachent près de leur tête. Les requins ne font point de mal à leurs petits pilotes, ils nagent de compagnie, ils vont et viennent autour du requin, le suivent quand il plonge et lorsqu'il revient à la surface de l'eau ; en un mot ils ne le quittent point tant qu'il est dans l'eau, ils lui font une cour assidue : mais si l'on prend le requin, celui-ci en se débattant dans l'eau, fait quitter prise à plusieurs de ses pilotes, qui, dit-on, paroissent alors fort inquiets ; ils suivent néanmoins le vaisseau pendant quelques tems, ou s'y attachent jusqu'à ce qu'ils aient retrouvé un autre requin.

LE SQUALE-ROUSSETTE.

Cette espèce de squale est très-vorace, il se nourrit principalement de poissons et en détruit un grand nombre, il se jette même sur les pêcheurs et sur ceux qui se baignent dans les eaux de la mer, mais comme il est moins grand et plus foible que plusieurs autres squales, il n'attaque pas le plus souvent ses ennemis à force ouverte, il a besoin de recourir à la ruse, et il se tient presque toujours dans la vase où il se cache et se met en embuscade, comme les raies pour surprendre sa proie. La peau de squale-roussette est connue dans le commerce, ainsi que celle de plusieurs autres squales, sous le nom de *peau de chien de mer*, *peau de chagrin*.

LE SQUALE-MILANDRE.

C'est un poisson très-fort et très-grand, et qui n'etant pas très-éloigné du requin par sa taille, est comme lui très-féroce, très-sanguinaire et très-hardi. Sa voracité et son audace lui font même quelquefois oublier le soin de sa sûreté, au point de s'élancer hors de l'eau jusques sur la côte et de se jetter sur les hommes qui n'ont pas encore quitté le rivage. C'est un combat terrible, selon *Pline*, que celui qu'il livre au plongeur dont il veut faire sa proie. Il se jette particulierement sur les parties du corps qui frappent ses yeux par leur blancheur. Le seul moyen de sauver sa vie est d'aller avec courage au-devant de lui, de lui présenter un fer aigu, et de chercher à lui rendre la terreur qu'il inspire. L'avantage peut être égal de part et d'autre tant qu'on se bat au fond des mers ; mais à mesure que le plongeur gagne la surface de l'eau, son danger augmente ; les efforts qu'il fait pour s'é-lever, s'opposent à ceux qu'il devroit faire pour s'avancer contre le squale, et son espoir ne peut plus être que dans ses compagnons qui s'empressent de tirer à eux la corde qui le tient attaché. Sa main gauche ne cesse de secouer cette corde en signe de détresse, et sa droite armée du fer, ne cesse de combattre. Il arrive enfin auprès de la barque son unique azyle ; et si cependant il n'est remonté avec violence dans ce bâtiment, et s'il n'aide lui-même ce mouvement rapide en se repliant en boule avec force et promptitude, il est englouti par le milandre, qui l'arrache des mains mêmes de ses compagnons. En vain ont-ils assailli ce squale à coups redoublés de tridents ; le redoutable milandre sait échapper à leurs attaques, en plaçant son corps sous le vaisseau, et en avançant sa gueule pour dévorer l'infortuné plongeur.

LE SQUALE A SCIE
OU ESPADON.

Ce singulier poisson a le museau terminé par une extension très-ferme, très-longue, trés applatie de haut en bas et très-étroite ; on peut la comparer à la lame d'une épée dont les deux côtés présentent un rang plus ou moins considérable de dents très-dures, très-grandes et très allongées. Le squale à scie ose se mésurer avec la grande baleine a laquelle il a voué une haine implacable, toutes les fois qu'il la rencontre, il lui livre un combat opiniâtre. La baleine tâche en vain de frapper son ennemi de sa queue dont un seul coup suffiroit pour le mettre à mort; le squale réunissant l'agilité à la force, bondit, s'élance au-dessus de l'eau, echappe au coup, et retombant sur le cétacé, lui enfonce dans le dos sa lame dentelée. La baleine irritée de sa blessure, redouble ses efforts, mais souvent les dents de la lame du squale pénétrans très avant dans son corps, elle perd la vie avec son sang, avant d'avoir pû frapper mortellement un ennemi qui se dérobe trop rapidement à sa redoutable queue; lorsque la baleine est vaincue par la scie; celle-ci se contente de lui dévorer la langue, et elle abandonne en quelque sorte aux marins le reste du cadavre de l'immense cétacé.

Quelquefois ce squale jetté avec violence par la tempête contre la carène d'un vaisseau, ou précipité par sa rage contre le corps d'une baleine, y enfonce sa scie qui se brise, et une portion de cette grande lame dentelée reste attachée au doublage du bâtiment ou au corps du cétacé, pendant que l'animal s'éloigne avec son museau tronqué et son arme raccourcie.

TROISIEME LEÇON.

LA LOPHIE-BAUDROIE

La lophie-baudroie ainsi nommée à cause de la grande quantité d'éminences, de prolongemens et de nageoires que l'on voit sur son dos, a aussi des barbillons vermiformes qui garnissent les côtés du corps, de la queue et de la tête. Quoique ce poisson soit très-grand, il est obligé d'avoir recours à la ruse, et de réduire sa chasse à des embuscades auxquelles d'ailleurs sa conformation le rend très-propre. Il s'enfonce dans la vase il se couvre de plantes marines, il se cache sous les pierres et sous les saillies des rochers; se tenant avec patience dans son réduit, il ne laisse appercevoir que ses barbillons, qu'il agite en différens sens, auxquels il donne toutes les fluctuations qui peuvent les faire ressembler davantage à des vers ou a d'autres appâts, et par le moyen desqu'els il attire les poissons qui nagent au-dessus de lui, et que la position de ses yeux lui permet de distinguer facilement. Lorsque sa proie est descendue près de son énorme gueule, qu'il laisse presque toujours ouverte, il se jette sur ces animaux
qu'il

qu'il veut dévorer et les engloutit dans cette grande gueule où une multitude de dents fortes et crochues lesdéchirent et les empêchent de s'échapper.

LES BALISTES.

Les balistes, bien différens des squales et des lophies, sont des êtres paisibles que le créateur a armé non pour les combats, mais pour leur sûreté. Cette famille de poissons a été destinée à ne faire ni ne recevoir aucune offense, à n'inspirer ni éprouver aucune crainte, car si elle ne recherche pas les combats, elle ne fuit pas lâchement, même devant des ennemis très-supérieurs en force ; elle se défend avec courage, elle use de toutes ses ressources avec adresse, et elle a reçu la plus brillante des parures. Elle habite le climat des oiseaux mouches, de ceux de paradis, des colibris, des perroquets et de tant d'autres oiseaux richement décorés.

Les armes des balistes sont des aiguillons très-petits, mais très-durs, dont souvent une partie de leur queue est hérissée ; et comme ils sont recourbés vers leur tête, ils auroient bientôt ensanglanté la gueule des gros poissons qui voudroient saisir et retenir un baliste par la queue ; mais leur arme principale est placée dans la première des nageoires dorsales qui

Tome I. M

présente toujours un rayon trés-fort, très-long, et souvent garni de pointes, qui couché dans une fossette placée sur le dos, et se relevant avec vitesse à la volonté de l'animal, pénètre très-avant dans le palais de ceux de leurs ennemis qui les attaquent par la partie supérieure de leur corps, et les contraint bientôt à s'enfuir, ou leur donne quelquefois la mort par une suite de blessures multipliées qu'il peut faire en s'abaissant et se redressant plusieurs fois. Le dessous du corps est défendu aussi par un ou plusieurs rayons presque toujours cachés en grande partie sous la peau, et qui forment une arme presqu'aussi redoutable que la premiere nageoire dorsale.

Les crabes, les petits mollusques, les polypes bien plus petits encore, tels sont les alimens qui conviennent aux balistes, et s'il leur arrive d'employer à attaquer une proie d'une autre nature des armes dont ils se servent pour se défendre avec courage et avec succès, ce n'est que lorsqu'une faim cruelle les presse et que la nécessité les y contraint. Tous les balistes ont la faculté de faire entendre une sorte de bruit ou de petit sifflement.

L'ACIPENSERE-ESTURGEON.

Ce genre de poisson atteint quelquefois les dimensions du plus grand nombre de squales, mais il est bien éloigné de partager leur puissance ; la bouche de l'esturgeon plus petite ne présente que des cartilages plus ou moins endurcis, au lieu d'être armée de plusieurs rangs de dents aigues, longues et menaçantes ; aussi n'est-il plus souvent dangereux que pour les poissons mal défendus par leur taille ou par leur conformation, et comme il se nourrit assez souvent de vers, il a des appetits peu violens, des habitudes douces, et des inclinations paisibles. Cet énorme cartilagineux au lieu de passer toute sa vie au milieu des eaux salées, comme les raies, les squales, les lophies, recherche les eaux douces comme le pétromizon-lamproie : lorsque le printems arrive, qu'une chaleur nouvelle se fait sentir jusqu'au sein des ondes, il s'engage alors dans presque tous les grands fleuves pour y faire sa ponte et y féconder ses œufs. Lorsqu'il est encore dans la mer auprès de l'embouchure des grandes rivières, il se nourrit de harangs ou de maqueraux et de gades, et lorsqu'il est engagé dans les fleuves, il attaque les saumons qui les remontent à-peu-près

M 2

dans le même tems que lui, et qui ne peuvent lui opposer qu'une foible résistance.

Lorsque le fond des mers ou des rivieres qu'il fréquente est très limoneux, il préfere souvent les vers qui peuvent se trouver dans la vase dont le fond des eaux est recouvert, et qu'il trouve avec d'autant plus de facilité au milieu de la terre grasse et ramollie, que le bout de son museau est dur et un peu pointu, et qu'il sait fort bien s'en servir pour fouiller dans le limon et dans les sables mous.

LES TÉTRODONS.

Ces poissons sont recouverts d'un nombre plus ou moins grand de pointes ou d'aiguillons; ils ont la faculté de se gonfler lorsqu'on veut les prendre ou les attaquer, de maniere que les pointes dont leur peau est parsemée se dressant comme les piquans du hérisson, ils bravent leurs ennemis avec une pareille armure. Les tétrodons se gonflent aussi plus ou moins selon qu'ils veulent descendre ou remonter vers la surface de l'eau.

LE GASTOBRANCHE AVEUGLE.

Cette espèce de poisson ressemble beaucoup aux pétromizons par la forme cylindrique et très-allongée de leur corps: Ce poisson se cache souvent dans la vase; il pénétre aussi quelquefois dans le corps des grands poissons, se glisse dans leurs intestins, en parcourt les divers replis, les déchire et les dévore; et cette habitude n'avoit pas peu servi à le faire inscrire parmi les vers intestinaux, avec le tœnia et d'autres genres d'animaux dénués de sang rouge.

L'ÉPINOCHE.

On a observé un procédé bien singulier dans l'épinoche; ce petit poisson va chercher au loin des débris d'herbes ou de végétaux qu'il trouve dans l'eau; il les porte dans sa bouche, les dépose sur la vase, les y fixe à coups de tête, veille avec la plus grande attention à son travail. Est-ce un nid? Est-ce un magasin? C'est ce qu'on n'a pas encore vérifié. Si d'autres épinoches approchent de cet endroit, bientôt il leur donne la chasse et les poursuit au loin avec une vivacité étonnante.

LE TURBOT.

Ce poisson qui vit d'écrevisses et de poissons se tient à l'embouchure des rivières pour prendre ceux qui y entrent, il joue de ruse pour les attrapper : il se couvre de sable, le voilà en embuscade; alors il remue ses barbillons pour attirer à lui les petits poissons qui les prennent pour une proie; mais cet appât séducteur leur est fatal, car ils sont aussi-tôt dévorés.

LE BROCHET.

Le brochet est après le requin le poisson le plus goulu, le plus vorace et le plus destructeur; non-seulement il prend les plus petits poissons, mais encore d'aussi gros que lui. Son estomac n'ayant pas toujours assez de capacité pour satisfaire sa gourmandise, il les saisit par la tête, et les tient serrés entre les dents, jusqu'à ce que la partie antérieure soit amolie dans son large gosier et préparée à la digestion; ensuite il avale petit à petit le reste du tronc. L'expérience lui a appris à se défier des rayons épineux qui garnissent les nageoires de la perche: c'est pourquoi lorsqu'il en prend quel-qu'une, il ne l'avale pas tout de suite, mais il la tient dans sa bouche jusqu'à ce qu'elle soit morte. Par la même raison, il laisse l'épinoche jouer tranquillement autour de lui; il n'y a que le jeune brochet qui l'attaque quelquefois, encore est-ce toujours aux dépens de sa vie; car ce petit poisson en se débattant lui enfonce ses aiguillons dans le gosier et lui donne la mort. Tous les animaux qui se nourrissent de chair et qui vivent de proie, quand même ils auroient reçu de la nature un caractére doux et pacifique, deviennent offensifs et méchans par le seul usage de leurs armes, et prennent ensuite de la férocité dans l'habitude des combats. Trop pressé de son propre besoin, le brochet ne voit autour de lui que des victimes propres à contenter son avidité, et dans ses accès de voracité, il n'épargne pas même sa progéniture

LE FILOU.

Le filou n'a point la férocité de naturel du brochet, ni cette hardiesse de caractère ; il ne déclare point une guerre ouverte aux petits poissons dont il fait sa nourriture, mais immobile au fond des eaux, il attend qu'ils soient arrivés à sa portée ; alors lançant tout-à-coup sur eux l'extrémité de son long museau qu'il a la faculté de ramener ou d'étendre à son gré, ils les prend comme au piege à l'instant qu'ils s'y attendent le moins.

LE BEC-ALONGÉ.

Ce poisson use d'un artifice encore plus ingénieux que le filou pour surprendre sa proie. Lorsqu'il veut attrapper une mouche ou un autre insecte qu'il apperçoit à une certaine distance, il s'approche très-lentement, et vient en ligne droite autant qu'il lui est possible, sur l'objet qu'il veut attrapper. Mettant alors son corps dans une situation plus ou moins oblique, ayant sa bouche et ses yeux très-près de la surface de l'eau, il reste entierement immobile, tenant toujours ses regards attachés sur sa proie, aussi-tôt après il lui lance la goutte d'eau qui l'entraîne et la précipite; il ne cesse de lancer ainsi et avec la plus grande vitesse de petites gouttes d'eau, sans jamais manquer son but.

Cette observation intéressante a été faite par Mr. *Hommel* inspecteur de l'hôpital à Batavia et consignée dans les *Transact. philos.* de la soc. roy. de Londres, vol. 56.

LE RUSÉ.

Le rusé prend de la même maniere les mouches qui viennent sur les herbes qui bordent les rivages, mais il differe du bec-allongé par la construction particuliere de ses mâchoires qui paroissent organisées expressement pour lancer l'eau sur les insectes dont il fait sa proie.

LE

LE BERGLAX.

Ce poisson lorsqu'il est pris, s'enfle si fort de dépit, que ses grands yeux lui sortent de la tête : il tâche d'en imposer à son ennemi par cet aspect effrayant.

LES POISSONS VOLANS.

Ces singuliers poissons deviendroient la proie de leurs ennemis qui les poursuivent avec acharnement, si par la forme de leurs nageoires pectorales qui sont étendues en forme d'ailes, ils n'avoient la faculté de s'élever au-dessus de l'eau et de s'élancer dans l'air, où ils se soutiennent pendant un certain tems. Ils peuvent s'élever et parcourir l'espace d'environ une portée de fusil, mais lorsque leurs ailes ont perdu leur humidité, ils se replongent dans l'eau pour les humecter, et aussi-tôt ils recommencent à voler.

LE TREMBLEUR.

Le trembleur est un poisson qui habite les eaux douces de l'Afrique; il a la propriété non de causer un engourdissement comme la torpille et l'anguille électrique, mais un tremblement très-douloureux dans les membres de ceux qui le touchent. Son effet se communique par le

Tome I. N

simple attouchement avec un bâton ou une verge de fer de cinq ou six pieds de long, de maniere qu'on laisse tomber dans le moment ce qu'on tenoit à la main.

LES DORADES.

Les pêcheurs prétendent que les dorades pour trouver les coquillages enfoncés dans le sable, agitent fortement leur queue et que quand elles les ont mis à découvert, elles les brisent avec leurs dents, avalent la chair et rejettent les fragmens des coquilles.

Fin du Tome premier.

TABLE

des Leçons contenues dans le Tome premier.

Les Poissons.

Fin de la Table des Leçons.

Ouvrages Elémentaires sur l'Hiſtoire Naturelle ,
la Physique & l'Agriculture , à l'uſage des Enfans & des jeunes gens.

Par le C. COTTE ; Obſervateur Météorologiſte.

1°. **L**EÇONS Elémentaires d'Hiſtoire Naturelle , par
Demandes & Réponſes , à l'uſage des Enfans. vol. *in*-12.
de 190 pag. à Paris chez *Barbou* , rue des Mathurins ,
1792 , deuxième édit. prix broch. 1 liv. 5 ſols.

« Ce livre manquoit à la premiere éducation , dit
» M. *Desbois de Rochefort* , qui a été le Cenſeur de
» la premiere édit. & l'âge pour lequel il eſt deſtiné en
» tirera le plus grand profit , par l'exactitude , la clarté ,
» la précision des connoiſſances qui y ſont expoſées. Ce
« Catéchiſme d'Hiſtoire Naturelle aura le double avanta-
» ge d'intérreſſer l'enfance , par le ſpectacle varié , tou-
» jours nouveau , toujours merveilleux de la nature , &
» d'exciter pour ſon Auteur les ſentimens de la recon-
» noiſſance & de l'amour le plus parfait ». Nous ajou-
terons que le ſuccès a confirmé ce jugement du Cenſeur ;
non ſeulement cet Ouvrage eſt devenu un Livre claſſique
dans plusieurs colléges , on l'a même répandu dans les
Campagnes , comme un Livre capable de former en même tems l'eſprit & le cœur des jeunes gens de l'un & de
l'autre ſexe entre les mains deſquels on l'a mis.

2°. Leçons Elémentaires d'Hiſtoire Naturelle , à l'uſage
des jeunes gens , vol. *in* 12. de 446 pag. ſeconde édit
chez *Barbou* , 1796 , prix relié 3 liv.

Les Leçons contenues dans cet Ouvrage ne ſont plus
par Demandes & Réponſes , mais elles ſuppoſent dans
les jeunes gens auxquels elles ſont deſtinées , les connoiſſances acquiſes par la lecture des Leçons en forme de
Cathèchiſme dont elles font le développement. Elles ont
pour objets , 1°. La *Théorie de la Terre* , l'Auteur ex-
poſe & réfute les différens ſyſtêmes qui ne s'accordent
pas avec celui qu'il a cru devoir adopter. 2°. La *Minéralogie* ; le C. Cotte donne une idée exacte & précise de
tous les corps naturels qui forment cette Classe. Il in-
ſiſte particuliérement ſur ceux qui ſont d'une utilité re-
connue , dans les Arts. 3°. La *Botanique* ; l'Auteur entre

dans le détail de tout ce qui forme les élémens de cette science, la Végétation, la Seve, les différentes parties des Plantes, leurs maladies, &c. il expose ensuite les principales méthodes qu'on a imaginé pour classer les Plantes. 4. *L'Insectologie*; c'est un abrégé de l'excellent Ouvrage de M. *Geoffroi* sur les Insectes des environs de Paris; on apprend ici à connoître les caractères qui distinguent les Insectes entre eux. L'histoire de leurs métamorphoses & de leur adresse pour pourvoir à leur subsistance, de leurs ruses dans les guerres qu'ils se livrent. On peut dire de cet Ouvrage qu'il est fait dans le même esprit que le premier, & que les jeunes gens ne peuvent suivre un meilleur guide pour les introduire dans le Sanctuaire de la Nature, dont le divin Auteur sera toujours devant leurs yeux.

3. Manuel d'Histoire Naturelle, ou Tableau Systématique des trois Regnes, Minéral, Végétal & Animal, &c. v. *in*-8. de 100 pag. chez *Barbou*, 1787. prix broché 2 liv. 10 sols.

Ce Manuel est fait pour accompagner les Leçons à l'usage des jeunes gens; cependant il se vend séparément; on y trouve les principales Méthodes publiées jusqu'ici pour classer les corps naturels des trois Regnes; telles sont pour la Minéralogie les Méthodes de **MM.** *Valmont de Bomarre, d'Aubanton & Buffon*; pour la Botanique, celles de M M. *de Tournefort, Linné, de la Mark & Bernard de Jussieu*; un tableau des classes, des ordres & des sections de M. *de Tournefort*; une table des époques de la feuillaison, de la floraison de plusieurs plantes & arbres, de la maturité de leurs fruits, de l'apparition & de la disparition des oiseaux de passage & des Insectes dans le climat de Paris; une table systématique des Insectes selon la Méthode de M. *Geoffroi*; une table alphabétique des plantes & des Insectes qui vivent sur les plantes, avec l'indication du tome, de la page, de la planche & de la figure des Ouvrages de MM. *Réaumur & Geoffroi*, où ces Insectes se trouvent décrits & gravés. Enfin une table des noms françois & latins des genres d'Insectes selon la Méthode de M. *Geoffroi*, avec la plus grande & la moindre dimension en longueur & largeur des especes de chaque genre, & le nombre des especes: on voit par la quantité des choses contenues dans

ce Manuel, quoique très-mince & très-portatif, combien
il eft précieux aux jeunes gens pour qui il a été fait &
aux Naturaliftes en général.

Leçons Élémentaires de Physique, d'Hydroftatique,
d'Aftronomie & de Météorologie, avec un Traité de la
Sphère. Par demandes & réponses, à l'usage des Enfans,
pour servir de fuite aux Leçons élémentaires d'Hiftoire
naturelle, par Demandes & Réponfes, à l'ufage des Enfans, publiées en 1785, & réimprimees en 1792. Seconde
édit. corrigée & augm. avec six planches, v. *in*-12 1778,
à Paris, chez Barbou, rue des Mathurins, prix br. 2 l. 8 f.

*Leçons Élémentaires d'Agriculture, par Demandes & Ré-
ponfes à l'ufage des Enfans, avec une fuite de Ques-
tions fur l'Agriculture, la Topographie, la Minéralogie.
Vol. in 12 de 202 pag. 1790, à Paris chez Barbou,
rue des Mathurins, prix broché 25 f.*

L'Agriculture, le premier des Arts, puifqu'il eft le
plus utile, devoit fixer l'attention du C. *Cotte* dans le
plan d'inftructions qu'il avoit formé pour la jeuneffe. C'eft
fur-tout à l'enfance villageoife qu'il deftine les Leçons que
nous annonçons. Son but eft de les mettre en état de lire
avec fruit *les Eléments d'Agriculture* de M. *Duhamel.* C'eft
donc d'après ce grand Maître qu'il expofe avec clarté &
précision les principes relatifs à la culture des grains, des
prairies naturelles & artificielles, des racines, des plantes propres à la filature & à la teinture, de la vigne, &
des arbres fruitiers. Il parle auffi des foins qu'exigent
les abeilles, & des principales maladies des beftiaux. Le
C. *Cotte* termine fes Leçons par une fuite de Queftions
fur l'Agriculture, la Topographie & la Minéralogie. Son
objet eft de fixer l'attention des Cultivateurs, & de les
mettre en état de procurer aux Sociétés d'Agriculture,
les lumieres dont elles ont befoin pour perfectionner la
théorie de cette Science, & pour en propager les bonnes pratiques.

Leçons élémentaires fur le choix & la confervation
des Grains, fur les opérations de la Meunerie & de
la Boulangerie & fur la taxe du pain, fuivi d'un Caté-
chifme à l'ufage des Habitans de la Campagne, fur les
dangers auxquels leur fanté & leur vie font expofées,
fur les moyens de les prévenir & d'y remédier, vol. *in*-
12, prix br. 15 fols.

Fautes à corriger dans le Tome premier.

Pages.	Lignes.	Fautes.	Corrections.
13	2	paralelle	parallele
15	1	VIVIPARE	VIVIPARES
16	21	reprimer	réprimer
	24	obeissant	obéissant
21	22	teaureau	taureau
30	18	volouté	volonté
46	1	gsande	grande
57	17	mort	mord
96	dern.	le	les
98	6	semaines	décades
123	10	ondatra	ondatras
133	4	ne lâche	ne le lâche
147	8	trouve	trouvent
153	22	vit	il vit
154	3	es	est
155	18	se lance	s'élance
162	2	LAI	L'AÏ
	15	voie	voix
167	12	inonndations	innondations
173	4	dégoutent	dégoute
180	15	montagues	montagnes,
184	7	de près ; les	de prés les
197	27	a table	à table
222	5	qu'ils se laissent	qu'il se laisse
243	23	il le dirige	ils le dirigent

www.ingramcontent.com/pod-product-compliance
Lightning Source LLC
Chambersburg PA
CBHW051300060726
47596CB00001B/186